Danilo Mainardi

L'intelligenza degli animali

CAIRO EDITORE

Dello stesso autore,
nelle edizioni Cairo:

Nella mente degli animali
La bella zoologia
L'acchiappacolombi

Il libro contiene 48 animali disegnati dall'autore

www.cairoeditore.it/libri

ISBN 978-88-6052-215-3

I EDIZIONE: MAGGIO 2009
II EDIZIONE: GENNAIO 2010

L'INTELLIGENZA DEGLI ANIMALI

Solo el gato
apareció completo
y orgulloso:
nació completamente terminado,
camina solo y sabe lo que quiere.
PABLO NERUDA

Sommario

Per cominciare... un gatto 11

PRIMA PARTE
La sapienza delle specie e quella degli individui

Protozoi – sapienze innate e acquisite 29

La sterna stolida e i pesci fuor d'acqua 33

Due rane speciali 39

Una vita da crostaceo 44

Se manca il lupo 48

Topi, ghiande e ghiandaie 51

Mimetismi 54

L'interruttore degli istinti 61

SECONDA PARTE
L'intelligenza collettiva

Un individuo cos'è? 71

Lo strano caso dei ratti-talpa 77

Segugi e lupi 80

Allevare i figli secondo natura (con un'anticipazione sulla nostra specie) 83

Altruismi 88

I succhiasangue, quando una ciliegia tira l'altra 93

TERZA PARTE

Cultura, capacità cognitive e altro ancora

La cultura dei topi 105

Le tradizioni degli scimpanzé 114

La didattica delle beccacce di mare 117

La mente del castoro 121

Le capacità cognitive di grilli e ratti 125

La cognizione del mulo e l'eterosi 130

La creatività comunicativa degli scimpanzé 135

Le esperienze adolescenziali degli elefanti 138

Gusci, corazze e carapaci 141

Il polpo e la seppia, c'è dell'altro oltre alla mente 146

QUARTA PARTE

L'evoluzione degli animali nella mente umana

Gli animali cinematografici 156

Raffaello e Leonardo – il cardellino e l'ermellino (o piuttosto era un furetto?) 172

Pittori animali 177

Il kamasutra delle libellule 186

Lucciole 188

Il leone e il suo doppio 191

... E un gatto per concludere 197

Suggerimenti di lettura 205

Per cominciare... un gatto

L'*Oda al gato*, con cui questo saggio si apre, non ho mai pensato di tradurla. Mi piace così com'è questa poesia che allude alla sapienza felina.

E, rileggendola, rivado col pensiero. C'era una volta una baracca dove, di primavera, arrivavo coi miei cani d'allora, la Gilda e Felice. Il cuore era leggero. Adoravo essere solo coi miei cani lassù, nell'alto Appennino, immerso in una natura priva di gente umana. Eravamo, i miei cani e io, come una piccola muta vagante. Così vivevamo in quei giorni.

La baracca, o meglio quella piccola casa di legno, era la nostra base. Stava sull'alto Appennino e ogni volta, per me, era quasi un rito prendere subito in mano il disco di Gato Barbieri e, col sottofondo di quella musica, leggere l'*Oda* che stava scritta sul retro della copertina. Il disco era *Bolivia*, una musica bella.

Mi affascinava quella poesia. Fuori dalla grande finestra, prima che noi partissimo per le nostre esplorazioni, vedevo le cince saltellare tra le tenere foglie primaverili dei cespugli sotto casa. Sul prato, tra le ultime chiazze di neve sbucavano i primi crochi. Nell'aria sottile risuonava il cucù del cuculo.

Poi si saliva. Ci fermavamo al crinale e da un picco scrutavamo strapiombi misteriosi e verdissimi. Faggete secolari dove immaginavo che mai uomo avesse messo piede, e forse era così. Quasi impossibile, oltre che inutile, arrivarci. E allora, puntuale, mi tornava la curiosità: sarà rimasto, in quelle selve fitte ed esclusive, il gatto selvatico?

Eppure, quando Pablo Neruda compose l'*Oda*, sicuramente non pensava né al Gato jazzista né tanto meno a quell'altro, il felino selvatico. Pensava al gatto domestico, al micio di casa. Un gatto come quello che illustra la copertina di questo mio libro. E alludeva, Neruda, alla sua orgogliosa autosufficienza, alla sua sapienza quasi esclusivamente innata. Io però, proprio perché quei boschi sono stati il suo ambiente d'elezione, pensavo al misterioso parente selvatico, al *Felis silvestris*. Animale che, per sua necessità, doveva essere ancor più sapiente e solitario di qualsiasi micio casalingo. E poi più tozzo e scontroso. Dal pelo folto e tigrato, dall'acre odore selvatico. Sterminatore di topi e di arvicole. Terrore degli uccelli e delle lepri. Pescatore.

Che emozione, se mai l'avessimo incontrato.

Mi ripetevo: ce ne saranno ancora? Quasi impossibile vederli, molto più probabile, comunque, essere visti. Con gli occhi della mente l'immaginavo fermo su un ramo, teso in agguato o rilassato a godersi il sole tiepido di primavera.

Il gatto selvatico, sapevo, può spiarci in silenzio, senza produrre, finché si sa non visto, quel suo minaccioso brontolio oppure il soffio della sua paura.

Se sa di non essere visto, infatti, se non sente chiusa la fuga, tace e non si muove. Ma è preparato a farlo, perché è sempre teso a scattar via. E anche questa è sapienza.

Se qualche *Felis silvestris* ancora esiste, è proprio perché possiede questa sapienza.

È primavera inoltrata, ora, ma sopra i mille metri fa ancora freddo. Immagino le gatte *silvestris* che si danno da fare a svezzare la loro nidiata. Faccio un po' di conti: febbraio è il tempo dei lamentosi notturni strascicati miagolii d'amore, poi seguono due mesi abbondanti di gravidanza. Le nascite alla fine d'aprile. Sì, ora che è quasi giugno i gattini cominciano a gustare un po' di selvaggina; a fare, sotto lo sguardo attento della mamma-maestra, i primi crudeli ma ludici esercizi predatori. Appena esperti – ci vorrà del tempo – ognuno se ne andrà per conto suo (*camina solo y sabe lo que quiere*).

E niente più socialità, per ogni *Felis*, fino alla lussuria dell'inverno tardo. Ogni individuo un territorio, e nessuno può valicarne i confini.

Sanno leggere e scrivere, loro, e i loro confini sono pieni di segnali. Scrittura insieme chimica e visiva. Voi dite, ecco il gatto che si affila le unghie, e magari avete anche un po' ragione. Ma lui più che altro scrive: «Territorio privato, divieto d'accesso». Lo fa, visivamente, con gli artigli sulla corteccia, ma insieme chimicamente, perché lascia messaggi odorosi. Tra i cuscinetti ha infatti ghiandole rilascianti il suo speciale inchiostro felino. Da leggere col naso.

Tozzo animale è *Felis silvestris*, non come i nostri domestici. E una ragione c'è (una ragione c'è sempre): i domestici discendono da *Felis libica*, nordafricano. L'Egitto specialmente. *Silvestris*, invece, è adattato ai climi rigidi, e un corpo massiccio e con brevi appendici il calore lo disperde meno.

Se ho cominciato questo saggio riesumando l'antico ricordo di un gatto che forse ormai nel mio Appennino non esiste più, ma di cui molto mi hanno narrato gli amici montanari di una volta (lo chiamavano *gatt puss*, gatto puzzolente, per via di quel suo quasi insopportabile odore di selvatico), una ragione c'è. Lui, il gatto, sia il domestico che il selvatico, è infatti un concentrato di tutte le possibili sapienze animali. C'è in lui tanto istinto (la sapienza della specie), tanta capacità di apprendimento individuale e, perfino, un poco di cultura (la gatta insegnante). Ogni gatto possiede una mente sopraffina e soprattutto autonoma. Perché il gatto le cose ama farle da solo, senza bisogno, come i miei adorati socialissimi cani, di quegli «aiutini» che, per loro, sono un qualcosa cui sempre aspirano, prima di mettersi, ma solo se proprio è necessario, a ragionare in proprio.

Insomma, ciò che desidero spiegare è che c'è tanta sapienza nascosta nella natura, tanta intelligenza. Noi però, con la nostra mente imbottita di pregiudizi, questa sapienza spesso non la cogliamo, non l'apprezziamo. E non sono intelligenti solo gli animali più evoluti, come le grandi scimmie, gli elefanti e i delfini, per non parlare appunto del cane e del gatto. Comportamenti intelligenti sanno produrli anche le specie più primitive e più semplici. Esiste infatti, preziosa, la sapienza degli istinti, diffusa in tutta la vita animale e capace di esprimere, e non raramente, risposte sorprendentemente raffinate. Una sapienza che, essendo oltretutto collaudata dalla selezione naturale, è la più adatta per consentire alle diverse specie non solo la sopravvivenza, ma una vita sana ed equilibrata. Salvo, purtroppo, quando interviene l'uomo, l'animale culturale per eccellenza, che proprio perché ha perso quasi completamente l'antica saggezza degli istinti, cioè le istruzioni di base per stare al mondo in equilibrio, può produrre, e in effetti produce, disastri a non finire. Strano animale è l'uomo, e sarà appunto il confronto con le altre specie a raccontarci, e spiegarci, il perché delle sue tante, e talora pericolose, peculiarità.

Seguendo gli itinerari propri della storia della vita e raccontando casi esemplari, siano essi noti da secoli o appena conosciuti, percorrerò l'ampia gamma delle differenti intelligenze naturali. Da quella degli istinti, che è la «memoria della specie», a quella dei singoli individui, che sanno fabbricarsi più o meno piccole sapienze personali, a quella dei gruppi, che si differenziano per tradizioni e dialetti. Dirò poi della sapienza collettiva, propria delle specie più sociali e somma di tanti individuali saperi. Mi piacerà infine soffermarmi su una caratteristica, il voler leggere ovunque «valori simbolici», in cui l'uomo eccelle. Caratteristica che purtroppo ha sempre impedito una comprensione oggettiva, autentica, della vita animale.

Entriamo ora, per approfondire l'affascinante argomento, più nel dettaglio.

L'intelligenza, per certi aspetti, è un po' come l'istinto: la gente comune sa benissimo di che si tratta, mentre gli studiosi non riescono mai a mettersi d'accordo. Il motivo è semplice. Gli studiosi vogliono definizioni precise, che descrivano concetti inequivocabili e soprattutto tali da consentire misurazioni che siano tra loro comparabili. Il che, sia per l'intelligenza che per gli istinti, è quasi un'utopia, trattandosi di fenomeni spesso compositi, e molte volte tra loro interdipendenti.

Partiamo allora dal sentire popolare, per cui l'intelligenza è la capacità di capire, di ragionare, di trarre logiche conclusioni che servano a risolvere problemi pratici e, per la nostra specie, anche teorici. Quanto all'istinto, mi piace definirlo (e sarà anche popolare ma non credo sia poi così sbagliato) come la sapienza, o la memoria, della specie, cioè quell'insieme di risposte prefabbricate (o scritte dentro) che vengono sparate fuori al momento giusto, indipendentemente, o quasi, dall'esperienza individuale. Risposte che pure, ed egregiamente, servono a risolvere problemi. A stare al mondo, in definitiva. E qui si sente, forte, la mano, che è una garanzia, della selezione naturale.

Ebbene, non c'è specie animale, salvo rarissime eccezioni, che, se ci rifacciamo alle definizioni «popolari» date sopra, non possieda almeno una briciola di intelligenza e di comportamento istintivo.

Se affrontiamo il problema in un'ottica evolutiva e, soprattutto, adattativa, istinto e intelligenza sono complementari perché se cresce l'una cala l'altro, e viceversa. In questo senso: le specie più ricche di intelligenza sono povere di istinti, quelle ricche di istinti hanno minori capacità intellettive, e il motivo è facilmente comprensibile. Gli istinti, essendo risposte prefabbricate (memorizzate nel Dna), funzionano bene nelle specie adattate in un ambiente stabile, perché in questo caso i problemi sono quasi sempre gli stessi. È inutile fare individualmente tentativi, passare attraverso possibili errori. Meglio ereditare la soluzione per via genetica. Le specie che vivono in ambienti mutevoli, o che sono colonizzatrici, devono invece essere preparate a risolvere sempre problemi nuovi, non prevedibili. Chiaro che in questo caso gli istinti servono meno. Il che non significa solo essere capaci di apprendere, ma anche avere curiosità, sapere come usare ciò che si è appreso, fare collegamenti, esperimenti mentali e così via (perciò, e per tanto altro, l'intelligenza è un fenomeno composito). Per fare solo un esempio: al koala, che si nutre solo di foglie di eucalipti, non serve assaggiare ogni tipo di foglie per sapere cosa è commestibile, mentre i ratti, che mangiano un po' di tutto, non solo devono assaggiare ogni possibile alimento, ma devono anche imparare a evitare i veleni, ricordandosi di quelle sostanze che li hanno fatti stare male.

Sembrerebbe tutto chiaro, e magari lo fosse, ma non è così. Perché anche il koala ha bisogno – e sto parlando di quello che mangia – di fare una sua speciale esperienza, che inizia e si conclude già mentre beve il latte materno, che profuma di eucaliptolo. È sufficiente ciò per indirizzare il suo monotono comportamento alimentare. Ma uno scienziato può ancora definirlo istintivo quel comportamento così logico, così sensato, così sapiente? Ecco la difficoltà delle definizioni. E anche il ratto, pur apparentemente così libero di comportarsi come vuole, non è privo di istruzioni genetiche. A parte il fatto che le sue tendenze esploratorie, le sue capacità di apprendimento, sono trasmesse geneticamente (sono caratteristiche proprie della specie), anche la diabolica capacità di riconoscere, a posteriori, i veleni, segue tragitti comportamentali, capacità di fare i giusti collegamenti, che sono «scritti dentro». Dunque perfino le qualità intellettive si ereditano, anche se poi lo sviluppo e l'esperienza possono (o meno) fortificarle. Animali geneticamente identici possono, a seconda delle loro storie e dunque delle esperienze che hanno vissuto, divenire diversamente intelligenti.

Ho scritto che praticamente ogni animale può possedere un briciolo di intelligenza. Già certi protozoi sono in grado di apprendere a evitare uno stimolo fastidioso. Si pensa che soltanto i parassiti interni (come il verme solitario), vivendo in un ambiente più d'ogni altro stabile e prevedibile, siano totalmente privi di capacità di apprendimento. Sarà proprio così? Si attendono conferme. L'uomo, notoriamente, è l'animale più povero di istinti (di moduli fissi di attività), seppure non di pulsioni, e, per converso, più ricco di capacità intellettive. Sarebbe comunque errato tentare di fare una gerarchia naturale delle intelligenze. Ogni specie ha infatti sviluppato capacità diverse a seconda delle necessità che il suo stile di vita esige.

Tra le prestazioni caratterizzate dal cosiddetto comportamento intelligente vi è quella di sapere raggiungere un obiettivo, quando l'animale è in qualche modo impedito dalla presenza di un ostacolo. Ciò richiede, com'è ovvio, una prestazione che consideri la necessità di sviluppare un aggiramento che temporaneamente lo obbliga ad allontanarsi dall'obiettivo stesso per poterlo poi raggiungere. Gli scoiattoli sono tra gli animali più abili a risolvere immediatamente tale tipo di problema, detto in termine tecnico *detour*. È verosimile che tale abilità discenda da necessità adattative imposte dall'ambiente in cui vivono. Gli scoiattoli infatti devono, per quanto possibile, cercare di evitare di scendere a terra dove maggiore è il rischio di venire predati. Così, per raggiungere un obiettivo, per esempio spostarsi da un albero all'altro, sono normalmente costretti a effettuare degli arborei *detour*.

Intelligente è poi, decisamente, l'uso simbolico di oggetti. Una femmina di macaco (*Macaca mulatta*), per esempio, grazie a uno speciale addestramento compiuto nell'istituto di zoologia dell'Università di Monaco in Germania, ha dimostrato di riuscire a comprendere l'uso simbolico del denaro. Essa, per essere più precisi, ha appreso a introdurre in una macchinetta automatica degli anelli colorati ottenendone in cambio una certa quantità di noccioline americane o dei pezzi di banana. Attraverso questo tipo di esperienze è riuscita a distinguere sei diversi valori e, durante le prove cui era sottoposta, ha sempre mostrato di preferire gli anelli con il valore più elevato o, per usare le parole di Walter Fiedler, lo sperimentatore, le monete con il maggior potere di acquisto.

Un'altra interessante capacità, mostrata da certe specie, è quella di sapere addizionare quantità numeriche. Molte specie di uccelli e di mammiferi sono dotate di una limitata capacità di contare e pertanto di riconoscere grandezze numeriche diverse, mentre una scimpanzé di sei anni di nome Sheba seppe non solo apprendere a riconoscere i numeri, ma addirittura a compiere semplici addizioni. Sheba veniva portata a spasso per il laboratorio dalla sua addestratrice, Sarah Boysen, dove poteva vedere, in tre luoghi diversi, alcuni oggetti alimentari (per esempio una banana, due noccioline e due zucchine). A questo punto, per ottenere il cibo, Sheba doveva scegliere in un gruppo di carte quella che rappresentava il totale dei diversi oggetti osservati. Le addizioni compiute da Sheba risultavano corrette per l'80 per cento dei casi e ciò anche quando, al posto di vero cibo, venivano utilizzate carte con sopra una cifra, in modo da richiedere all'animale un conteggio su base puramente simbolica.

Io non ho dubbi: percorrere la storia evolutiva delle intelligenze è un viaggio avvincente che non solo spiega la vera diversità, pregi e difetti, della nostra specie, ma che ci permette anche di scoprire, e apprezzare, quella pluralità di sapienze su cui la vita stessa si fonda.

PRIMA PARTE

La sapienza delle specie e quella degli individui

Gli istinti sono, secondo l'idea attuale della scienza, sequenze di «moduli fissi di attività», caratterizzanti le diverse specie. Sono così fissi, talora fino alla stereotipia, che non per niente Lorenz diceva che potevano venir studiati «come se fossero organi». E proprio questo faceva.

A ogni modo, per darvi un'idea di cosa siano questi moduli fissi di attività di cui gli istinti vecchia maniera sono composti, mi piace raccontare del cane da pastore Border Collie, che è uno tra i più raffinati prodotti della selezione umana. È uno spettacolo vederlo all'opera, e non per niente gli scozzesi frequentano veri e propri spettacoli dove questi cani si esibiscono. Chissà, forse anche voi ne avete visto qualcuno all'opera, magari alla televisione.

Questo cane si atteggia, quando guida le pecore, in un modo caratteristico, che gli etologi hanno riconosciuto come un comportamento predatorio bloccato nella sua fase iniziale. Esattamente quello del suo antenato lupo quando cautamente si avvicina, le gambe leggermente piegate, la coda bassa, lo sguardo attento, alla preda. Tale atteggiamento così intenso e mirato è funzionale per la guida delle pecore perché queste lo colgono e, come risposta, se ne stanno compatte l'una accanto all'altra, attentissime. Il cane può così, con piccoli spostamenti, guidarle senza nemmeno toccarle o palesemente minacciarle. La minaccia, infatti, sta tutta in quel suo modo di fare. I pastori, parlando di questo cane, dicono che guida le pecore «con lo sguardo».

Ebbene, se l'istinto predatorio originario, quello proprio del lupo, fosse stato un qualcosa di unitario, di inscindibile, e non un assommarsi di moduli comportamentali tra loro anche geneticamente indipendenti, la selezione umana mai avrebbe potuto prenderne solo una porzione, quella che era utile per il nuovo scopo. Eliminando quindi quei moduli che, appunto nella situazione primitiva, portano invece il lupo ad attaccare veramente la preda, a finirla a morsi e, infine – è la fase detta consumatoria – a sbranarla per poi deglutirla. Il fatto che i comportamenti istintivi siano una sorta di compilation organizzata e ordinata di moduli fissi, messi insieme talora anche grazie a forme di insegnamento (com'è nel caso della gatta che insegna ai gattini a predare – cioè, in pratica, che «insegna» ciò che dovrebbe essere innato) ce la dice lunga sulle difficoltà di definire scientificamente cos'è un istinto. Per quanto ci interessa, però, ciò che ho detto credo che possa bastare per avere, almeno, un'idea della complessità del problema scientifico che si nasconde dietro quello che tutti coloro che non sono del mestiere credono invece di conoscere bene. E, in fin dei conti, almeno l'idea generale un po' ce l'hanno.

Mi preme invece, sempre mantenendo l'esempio prezioso del Border Collie, sottolineare un altro aspetto, quello riguardante le pecore «guidate dallo sguardo». Ciò è possibile perché quei placidi erbivori sanno perfettamente leggere, istintivamente, il che significa senza bisogno di alcuna esperienza individuale, quel peculiare comportamento del cane, che per loro rappresenta un atavico e inequivocabile segnale di pericolo. Quando infatti il lupo prende quella speciale posizione prelude sempre a un attacco diretto. Così le pecore, come contromossa, oltre a tener d'occhio con la massima attenzione il loro potenziale predatore, fanno istintivamente gruppo. E questo è proprio quello che serve al cane da pastore, che così, con piccoli sapienti movimenti, guida il branco dove il pastore gli ha indicato.

E ora ditemi un po' se non è fantastica questa commistione di sapienze. Di istinto e apprendimento, e parlo soprattutto del Border Collie che ha anche appreso a comprendere gli ordini del pastore e a eseguirli. Per non dire di quella di quegli uomini che seppero, attraverso la loro selezione, trarre dalla natura un così splendido animale domestico.

Ma parliamo, ora, in modo più mirato di apprendimento. Credo sia chiaro, ormai, che ogni specie animale è provvista di istruzioni genetiche su come stare al mondo. Siccome però, se non nelle grandi linee, non tutto può essere previsto, nemmeno nelle specie meglio adattate a un ambiente stabilissimo e, proprio per ciò, assai prevedibile, ecco l'utilità, per ogni individuo, di fabbricarsi, a complemento o integrazione di quella che ho chiamato «la sapienza della specie», anche una sua sapienza personale, frutto delle esperienze che la vita di volta in volta fa fare. Anche il gatto di Neruda, in realtà, non *nació completamente terminado.* Anche lui, seppure così ben provvisto di sapienza innata, ha bisogno di sapere qualcosa di suo, e ciò l'ottiene facendo esperienze e apprendendo.

Tanto per fare un esempio. Se un micio un po' gironzolone nelle sue peregrinazioni scopre una salumeria il cui padrone, gattofilo, gli regala, tutte le volte che lo vede, una qualche golosità, state certi che subito capirà la convenienza della visita e, ogni volta che passerà nei dintorni, farà apposta una deviazione per incontrare il suo generoso amico. E ora, come altra faccia dello stesso esempio, immaginate, non è difficile, lo stesso gatto che, in un'altra zona, scopre un salumiere questa volta gattofobo che, come lo vede, lo minaccia con la scopa. Ecco, non c'è alcun dubbio che, questo negozio, d'allora in poi verrà accuratamente evitato.

Sarà questa (cosa evitare, cosa visitare) una porzione della sapienza individuale di quel gatto. Un complemento alla sapienza della specie che l'istinto mai avrebbe potuto regalargli, ma l'apprendimento invece sì. Solo che, per la stragrande maggioranza delle specie, questa sapienza è, per così dire, fine a se stessa. Rimane cioè sapienza dei singoli perché, essendo frutto di apprendimento individuale, scomparirà con la morte dell'animale stesso, e ogni singolo individuo dovrà ricominciare da capo a fabbricarsi il suo patrimonio di esperienze.

Esistono vari modi d'apprendere individualmente, ma tutti fanno capo a un'unica, onnicomprensiva definizione: apprendere significa modificare in modo di norma adattativo il proprio comportamento sulla base di personali esperienze.

In questa prima parte illustrerò, con vari esempi, la sapienza degli istinti e quella dell'apprendimento individuale, che poi è il mix che produce la sapienza complessiva di quasi tutti gli animali. Entrerò maggiormente nello specifico dell'apprendimento solo per una modalità che, secondo me, è di straordinario interesse: l'assuefazione. Un modo di apprendere che ha molto a che fare con gli istinti, di cui è, quando serve, un correttivo.

Protozoi – sapienze innate e acquisite

Se, al microscopio, guardate muoversi un paramecio o un'ameba, due esseri costituiti da una sola cellula, ne traete la sensazione (almeno per me è così) di movimenti sensati, intelligenti. E del resto come potrebbero non esserlo? Come potrebbe un animale, seppure composto da una sola cellula, sopravvivere senza sapere, in qualche modo, dove dirigersi?

Il problema, però, per noi che vogliamo capire, è di riuscire a trasformare quel «qualche modo» in una spiegazione, o almeno in un tentativo di spiegazione.

L'ameba e il paramecio non li ho scelti soltanto perché rappresentano due modi decisamente diversi d'essere una cellula indipendente: lei così senza forma, senza un davanti e un di dietro, senza quegli organuli che invece fanno pensare al paramecio come a un organismo complesso ed evoluto che è riuscito a differenziare le sue parti facendo stare tutto lì dentro: gli organi di locomozione, un cuore che pulsa, un apparato digerente ed escretore, gli organi di senso... L'ameba no, lei sembra un corpo indefinito, con quel suo muoversi, quel suo nutrirsi, quel suo vivere sempre per pseudopodi.

Può essere, l'ameba, una stella a punte smusse o una sfera. È un chewing-gum vivente. Fa pensare alla «vita delle origini». Del resto non per niente, crescendo a dismisura, è spesso ospite terribile e minaccioso della fantascienza.

Ma divago. In realtà tutt'e due, pur nella loro differenza, sono esseri che di strada evolutiva ne hanno percorsa tanta, anche se standо chiusi dentro una cellula. Sarà bene, comunque, che ritorni al punto di partenza, e cioè al movimento «sensato».

Dirò allora che il paramecio riconosce come segnale attraente una certa elevata concentrazione di anidride carbonica nell'acqua. Il motivo è che una sua importante fonte alimentare è rappresentata dai nugoli di batteri che si nutrono di vegetali in decomposizione, ed è proprio da quell'insieme che si origina l'anidride. Scoperto così l'agglomerato batterico, un secondo segnale è rappresentato dalla sua consistenza morbida e un po' cedevole. Avuta dunque anche la seconda informazione il paramecio frena (smette cioè il battito ciliare dei due lati del corpo), si ancora alla massa batterica e, formando un vortice con le cilia della zona boccale, risucchia nella faringe i batteri che sono il suo cibo.

Il guaio è, però, che questo sistema orientante è un po' troppo generico, perché anche l'ameba è morbida ed emette anidride carbonica. Ed è perciò che talora il paramecio si sbaglia. Si ancora a un'ameba ed è la fine. Gli pseudopodi l'avvolgono e il predatore, di colpo, si trasforma in preda.

E qui, volendo, la storia sarebbe finita, con la conclusione che il movimento del paramecio è sì sensato, ma non troppo, o almeno non sempre. Ma questa conclusione, facile capirlo, è vera solo nell'ottica del paramecio. Perché se, invece, consideriamo gli eventi da un punto di vista più generale, allora quel tocco di genericità che ho definito «troppo» non risulta esserlo per niente. Lo è, in effetti, quanto basta per contribuire a mantenere gli equilibri naturali, che si fondano, in questo caso specifico, anche sulla presenza e sulle azioni tra loro calibrate sia dei parameci che delle amebe. È così che sta in piedi, e che funziona, la biodiversità. E questa sarebbe, o meglio è, la sapienza della natura.

Dicendo delle reciproche relazioni tra questi microscopici predatori e prede, ho toccato finora solo l'aspetto della sapienza innata propria degli istinti. La storia, però, volendo non finisce qui, perché anche esseri così minuscoli, ma tutt'altro che primitivi, come sono i protozoi, possono, accanto alla sapienza della specie, fabbricarsene anche una ben più personale e privata.

È necessario, a questo punto, che faccia un salto di specie, passando dai ciliati parameci alle altrettanto ciliate vorticelle. I parameci, per chi non lo sapesse, si spostano mediante il movimento di cilia che stanno distribuite piuttosto uniformemente su tutto il loro corpo unicellulare, alquanto affusolato. Nelle vorticelle, invece, la situazione è più complessa, in primo luogo perché è presente un marcato dimorfismo sessuale, coi maschi che, grosso modo, sono e si muovono liberi nell'acqua come fossero normali parameci, mentre le femmine se ne stanno fisse al substrato e la loro cellula-corpo è alquanto diversa. È come una sorta di microscopico cono con la base minore poggiata, anzi saldata, al substrato, mentre poi il corpo si allarga a cono e, proprio in cima, c'è una specie di bocca circolare provvista di cilia vibratili che, formando vortici, catturano particelle alimentari. Insomma, a loro modo le vorticelle femmine sono belle, sembrano un poco fiori.

Detto della morfologia, passiamo ora all'esperimento che ci consente di scoprire, in questi esseri straordinariamente piccoli, ben definite capacità di apprendimento. Si tratta di questo, e tutto sembra, a raccontarlo, assai semplice, anche se poi, per metterlo in atto, occorre tanta pazienza e soprattutto la perizia propria dei più provetti protozoologi. L'esperimento consiste innanzitutto nel preparare una colonia di vorticelle sessili, cioè femmine, naturalmente fissate su una tavoletta. La colonia dev'essere ben ambientata e abituata a nutrirsi in tutta tranquillità risucchiando le particelle sospese nell'acqua. A questo punto si prova, toccando in modo calibrato la tavoletta, a produrre una vibrazione percepibile per le vorticelle. Queste, come risposta, chiudono immediatamente le loro corolle boccali. Dopo un po', cessato l'allarme, le vorticelle riaprono le loro corolle e riprendono a nutrirsi normalmente. A questo punto si procede a produrre, a intervalli regolari, diciamo ogni trenta secondi, sempre e esattamente la medesima vibrazione. Si assiste così al fatto che, dopo un po' di tempo, le vorticelle si sono assuefatte e, in conseguenza di ciò, hanno smesso, pur continuando a percepire quelle vibrazioni, di chiudere le loro corolle. Hanno classificato cioè quelle vibrazioni (ma solo quelle) come «non pericolose» e di conseguenza hanno smesso di occuparsene. Inutile dire che, se a questo punto le stesse vorticelle vengono disturbate da vibrazioni qualitativamente o quantitativamente diverse, apprezzando la differenza riprendono a chiudersi nuovamente. Quest'apprendimento delle vorticelle si chiama, come ho già accennato, assuefazione. Di ciò parlerò ancora e diffusamente. Mi piace però fin da subito osservare che, perfino in certi protozoi, sia possibile evidenziare come, accanto alla cosiddetta sapienza della specie, i singoli individui possano accumulare, a sua integrazione, esperienze individuali. Deriva, da ciò, una sommatoria di sapienze che rende decisamente intelligente (o ancor più intelligente) perfino il comportamento di questi esseri da noi così distanti e, per i più, addirittura invisibili e inimmaginabili. Ma proprio questa è la bellezza della vita: la varietà e insieme la costante capacità di saper stare al mondo in modo equilibrato.

La sterna stolida e i pesci fuor d'acqua

Senti un fruscio a mezz'aria, pensi a uccelli ma invece, guardando in su, vedi volare pesci. E li vedi scomparire lontano, perché veleggiano per centinaia di metri. La prima volta resti stupito, perché la nostra testa mira al semplice e i pesci, secondo l'ordine stabilito, dovrebbero stare nell'acqua, così come gli uccelli in cielo e i quadrupedi ben saldi sulla terra. Ma questi no, perché questi piccoli alianti viventi e sfreccianti offrono, col loro volo inatteso, uno dei più abbaglianti spettacoli dei mari tropicali. E parlo soprattutto di *Pegasus volitans*, parlo dell'intera famiglia degli exocetidi, i più noti e i più frequenti escursionisti aerei dotati di pinne e squame. Pesci volanti dalla forma slanciata, idro e insieme aerodinamica. Pinne pari sviluppatissime (il primo paio o anche tutt'e due), pinna caudale funzionalmente asimmetrica, col suo lembo inferiore più ampio del superiore. Caudale, che è l'organo primo propulsore per l'accelerante rincorsa che fa loro conquistare l'aria, ove veleggeranno a pinne tese. E si sposteranno, se il vento è favorevole, per centinaia di metri in lunghezza e parecchi in altezza. Non raramente infatti si schiantano sulla chiglia di barche e perfino di navi dove, prelibatezza venuta dal mare, saranno raccolti dai naviganti ancora vivi e frementi. O da naufraghi affamati, e in questo caso saranno un dono veramente salvifico. Secondo il disegno naturale, però, il ritorno atteso è nell'acqua da cui potranno, ancora con secche mosse del tronco e della coda, rimbalzar fuori per una nuova e lunga veleggiata.

Perché lo fanno? Perché la selezione naturale ha costruito questa sapiente anomalia? Per rispondere abbandono il mare (e il cielo) delle Barbados, il più frequentato dai pesci volanti, e mi sposto alle Galapagos. Lo faccio per un ricordo personale, perché è qui che ho assistito alle peculiari scene di pesca che offrono le sterne stolide, *Anous stolidus*, se si riesce, in mare aperto, ad avvicinarle a sufficienza. A me è capitato un paio di volte, navigando tra le isole dell'arcipelago.

Ebbene, questi eleganti uccelli dal manto scuro e dal capo grigiazzurro si sono specializzati nello sfruttare il sommovimento, la confusione, lo scompiglio che tra i piccoli pesci producono i grandi predatori marini. Esempio: tonni famelici che dal profondo aggrediscono un banco di pesci azzurri. Questi, come strategia antipredatoria, saltano fuori dall'acqua, o quasi. E allora eccole lì, le sterne opportuniste, pronte a sfruttare l'occasione. Così è possibile assistere alla scena straordinaria, che si svolge sul pelo dell'acqua, dei piccoli pesci premuti da sotto dai grandi pesci incalzanti, e sopra colti al volo dalle sterne. Un incubo, per quei pesci aspiranti-volanti: dalla padella alle braci. Se vi capita di visitare quelle isole incantate state pronti col binocolo: prima o poi assisterete, con un po' di fortuna, all'indimenticabile spettacolo.

I piccoli pesci delle Galapagos, però, non sono propriamente volanti, semmai rappresentano, coi loro balzi fuor d'acqua, l'inizio di quella storia naturale che, a quelli meglio dotati dell'attitudine, evolutivamente regalerà l'arte sublime della veleggiata.

Non sto però a raccontare, avendo scritto l'inizio della storia, i record straordinari raggiunti dalle specie più evolute di exocetidi, tra cui il già citato *Pegasus volitans*, quanto a velocità, altezza e distanza percorsa. Per saperne di più, come si suol dire, c'è ormai Wikipedia, che basta e avanza. Preferisco, invece, raccontare di altri ben più misteriosi pesci volanti o presunti tali.

Vi presento così i gasteropelecidi, piccoli pesci delle acque dolci sudamericane, gli unici che non si accontentano di semplici o multiple planate aeree. No, loro volano davvero perché, dopo la consueta spinta caudale, battono le pinne pettorali con grande rapidità, quasi fossero uccellini, colibrì. E il loro volo è accompagnato da un sordo ben percepibile ronzio. C'è, a monte della loro straordinaria esibizione, un essenziale fatto anatomico, perché questi piccoli pesci sono dotati d'uno sterno carenato ben rimpolpato da muscoli azionanti le loro pinne-ali, proprio come nel caso analogo degli uccelli. È veramente bella la zoologia, peccato che così pochi la conoscano.

Passando, infine, ai volanti presunti, c'è un'antica leggenda africana che ancora un po' permane tra la gente più semplice, quella dei pesci che, annualmente, si crede che letteralmente piovano dal cielo durante i primi acquazzoni della nuova stagione delle piogge. Pensiero fantastico, o meglio fantasioso. Ma d'altronde come giustificare altrimenti il fatto che, dove non c'era niente, di colpo, terminata una pioggia torrenziale, si scoprano pozze brulicanti di pesciolini?

Appartengono, quei pesciolini africani, al genere *Aphyosemion* (*A. sjostendti* e *A. arnoldi*) e sono, ora lo sappiamo, i cosiddetti «pesci annuali», un'altra delle tante varianti che la natura ci propone. La spiegazione, a ogni modo, è questa. Sotto la terra secca c'era già vita, in realtà. C'erano embrioni di pesciolini. La strategia riproduttiva di queste specie annuali, o periodiche, consiste infatti, straordinariamente, nella produzione, prima che tutti gli adulti muoiano per la periodica siccità, di uova capaci di sopravvivere in quell'ambiente ostile. E, soprattutto, di iniziare e far procedere lo sviluppo embrionale. Così, quando viene giù la benedetta prima pioggia della nuova stagione, i neonati sono già quasi pronti e tutti insieme se ne sgusciano fuori. Tempo due ore o poco più e ogni pozza d'ogni letto torrentizio si trasforma in un asilo affollato d'argentei guizzanti pesciolini.

Miracolo? Sì, miracolo d'una natura che, a darle tempo (l'evoluzione biologica di questo necessita), le sa inventare tutte. E poco importa se quei pesciolini non piovono dal cielo, sempre di miracolo si tratta.

Giunto al termine di questa storia di pesci più o meno volanti mi resta da rispondere a un'intrigante domanda: perché mai quelle sterne delle Galapagos (e di tant'altri posti) vengono dette stolide, il che vuol dire stupide?

La cosa non dovrebbe funzionare, almeno secondo la mia idea che gli animali, se stanno al mondo, in un modo o nell'altro una qualche forma di sapienza devono pure essersela evolutivamente conquistata. Eppure che quelle sterne fossero considerate stolte è conoscenza consolidata e vecchia come il cucco. Basta pensare che Linneo, attribuendo loro (*Systema naturae*, 1758) il nome scientifico, ebbe il coraggio di dichiararle due volte stupide, perché il nome generico *Anous* significa senza mente (a-nous), il che non credo fosse, per quel grande classificatore, un complimento. Peggio ancora, forse, di mentecatto, che se non altro significa malato di mente, ma su questo ci sarebbe, credo, da discutere. È meglio, infatti, avere una mente malata o non averla per niente? Un bel problemino davvero.

E come se non bastasse, Linneo raddoppiò la dose perché donò, a quegli uccelli così sottovalutati, il nome scientifico di *stolidus*. Nel *Sistema naturae*, insomma, da un lato ci siamo noi, *Homo sapiens*, e giù giù in fondo, dietro la lavagna, loro, *Anous stolidus*. Ce ne sarebbe da dire al proposito.

Non ha comunque davvero scherzato, Linneo, con quegli uccelli: stupidi-stupidi, di genere e di specie. E perché mai? Ebbene, la spiegazione sarebbe questa: secondo i naviganti, che le conoscevano bene, erano stupide per la loro apparente totale indifferenza nei confronti di cacciatori umani e di predatori naturali.

Ora, però, che ben conosciamo certe strategie antipredatorie, sappiamo che significato ha quella cosiddetta indifferenza (che non è per niente stolidità) propria di tanti animali che si spostano in grandi gruppi, nei confronti dei predatori. Io quel significato l'ho verificato più volte osservando le strategie predatorie dei falchi pellegrini nei confronti degli storni o dei colombi selvatici. La predazione sugli storni, per esempio, è facile osservarla nei cieli romani, perché nell'Urbe se ne esibiscono numeri immensi spesso in evoluzioni spettacolari. Tutti ben inquadrati, tutti volanti a una ben definita distanza l'uno dall'altro, come se ben sapessero esattamente cosa devono fare, come devono stare. Un'entità, quello stormo, unica e compatta. Ma ancor più compatta quell'entità diventa all'apparire di un falco. Diviene, allora, scura scura, quasi una grande macchia che si sposta nel cielo cambiando di forma. Un'amebona volante. E poi c'è il falco che si avvicina e che infine si tuffa. Il grande numero, la grande massa nera, però lo confonde e forse un poco anche lo spaventa.

Così, a noi spettatori col naso per aria, pare che il predatore si produca in attacchi parziali e dunque finti (ma forse sono finti davvero – chi lo sa mai?). A ogni modo, è solo quando un certo storno, più timoroso degli altri, perde definitivamente la calma e, tentando una fuga che è insieme solitaria e velleitaria, fuoriesce da quel gruppo compatto e proteggente. È solo allora che l'attacco del pellegrino si fa serio e compiuto. Ed è senz'altro quello storno dai nervi troppo fragili la vittima predestinata. Così, morale della favola, in casi come questi il vero stolido è colui che perde la calma e scioccamente si agita, non chi «apparentemente» è indifferente.

Le sterne cosiddette stolide, pertanto, sono stolide solo agli occhi di chi, lui sì stolidamente, non sa leggere il vero significato naturale di certi comportamenti. Con buona pace del buon Linneo, che verosimilmente ebbe l'unica colpa di credere alle superficiali opinioni di quei naviganti che gli portavano, al termine delle loro peregrinazioni esploratorie, sempre nuovi animali da classificare.

Due rane speciali

Credo che lo sappiano proprio tutti, o almeno lo spero, che le rane depongono lunghe teorie di uova, che la fecondazione è esterna, che nascono girini e che questi poi si trasformano in ranocchie. Ce lo spiegano alle elementari e questa è la regola generale. Non poche però sono le eccezioni e una assai bizzarra è quella della piccola rana australiana *Rheobatracus silus*. Questa ranocchia, che vive solo in una zona limitata nel Sudest del Queensland, rappresenta il primo esempio, scoperto nel 1974, di uso dello stomaco quasi fosse un utero. Ed effettivamente durante l'eccezionale gravidanza si assiste a modificazioni dei tessuti stomacali tali che davvero si può parlare di una temporanea conversione di quell'organo in qualcosa d'analogo a un vero e proprio utero.

La straordinaria scoperta – dicevo – è piuttosto recente, e solo da poco tempo si è potuta avere una documentazione soddisfacente della riproduzione di *Rheobatracus*.

Un po' di queste piccole rane sono state catturate, mantenute in acquario, e così si ha avuto la possibilità di seguire, in tutte le sue fasi, il comportamento fino al parto.

E parto, forse, non sarebbe nemmeno la parola più adatta, trattandosi di anfibi. Forse sarebbe meglio usare il verbo «vomitare», che pure non è un granché, ma c'è chi l'usa. Fatto sta che mamma rana effettivamente, quando giunge il momento, vomita i suoi figlioletti, che non sono più girini, ma piuttosto piccolissime ranocchie.

E si tratta – racconta chi ha assistito a questo strano parto – di un vomito piuttosto robusto, dato che i neonati vengono sparati dalla bocca fino a sessanta centimetri di distanza. Un parto-sputo coi fiocchi, dunque. C'è da dire che questo esplosivo partorire sembra essere, in verità, piuttosto inusuale, perché ha luogo solo se la madre è un po' agitata. E la cattività in acquario certo non giova alla sua tranquillità.

Più spesso accade, invece, che mamma rana se ne stia tranquilla a bocca aperta e che le minuscole ranocchie, da venti a trenta, se ne escano loro, senza particolari aiuti d'origine materna. Sarebbe questo, insomma, il parto naturale.

A ogni modo, non voglio dire solo del parto-vomito, perché tutto il ciclo riproduttivo di *Rheobatracus* risulta essere assai istruttivo. Partiamo dunque dalle uova che, dopo essere state fecondate, vengono ingoiate dalla madre. E qui, nello stomaco, farebbero una gran brutta fine, se si trattasse di una specie normale. Sarebbe oltretutto cannibalismo. In *Rheobatracus* però durante questa sorta di gravidanza la madre «sa» (la sapienza degli istinti) che deve smettere di nutrirsi. Ogni funzione digestiva scompare perché, come si è detto, lo stomaco si trasforma in utero. Così, in questa imitazione di utero, i girini fanno la loro metamorfosi «al coperto», e crescono e crescono finché riempiono talmente tutto lo spazio disponibile che perfino i polmoni non sono più utilizzabili (le rane, anche questo dovreste saperlo, possono usare la respirazione cutanea). E si muovono pure, quei ranocchietti: attraverso la sottile pelle materna è persino possibile vederli scalciare.

Dirò ora di un'altra rana assai speciale, *Pipa pipa*. Anzi, per sorprendervi un po' (e lei è davvero sorprendente) attaccherò così.

Sogno o son desto? Vedo tante finestrelle, quasi degli oblò, non ordinati in due o più file come quelli delle navi, ma un'area intera tutta fitta di aperture, e da queste finestrelle circolari sbucano manine, oppure musi minuscoli dagli occhi furbi e neri.

Questo è quello che vedo sott'acqua, un panorama incredibile ma vero. Dagli oblò fuoriescono, sforzandosi, piccole rane che subito si mettono a nuotare, in formazione, vicino a mamma. Mamma e figli, ranocchiette complete ma minime, vivono insieme per un po' e poi le piccole, le figlie, se ne vanno ciascuna per suo conto. E, se saranno fortunate, un bel giorno anche loro, le femmine sopravvissute, faran come mammà. Si trasformeranno cioè in rane porta-oblò.

Ciò che ho descritto con un po' di fantasia – ma neanche troppa – è il cosiddetto parto (siamo alle solite) della rana *Pipa pipa*, detta anche rana del Surinam. Anche in questo caso, come in quello di *Rheobatracus*, se per parto intendete la prima fuoriuscita di un piccolo dal corpo materno, allora parto può andar bene anche per le piccole rane del Surinam; se invece sottilizzate sul «da dove escono», allora no. Allora è meglio stare sul generale e dire nascita, perché quelle mica nascono da una vagina o da una cloaca. Da una schiena nascono.

Così stanno le cose (comincio ora dall'inizio): all'accoppiamento il maschio sta, per ore e ore, avvinghiato saldamente alla schiena della femmina, sul fondo di un ruscello; frattanto la pelle del dorso della femmina si ispessisce formando una sorta di cuscinetto. Poi, sempre stando uniti, i due anfibi si staccano dal fondo e nuotano un po'. È durante questo nuoto che le uova, uscite dalla cloaca femminile, vanno rotolando fin sulla schiena-cuscinetto. È qui che il maschio, che ha allentato un po' la presa, le feconda.

Poi hanno inizio le vere, sapienti «stranezze». A questo punto infatti le uova sembrano come infossarsi nella pelle che, crescendo lentamente, si solleva e le attornia inglobandole in cavità cupoliformi. Quanto agli oblò di cui dicevo, e cioè le aperture delle cupole, per una lunga fase dello sviluppo restano chiusi da opercoli derivanti dalle membrane delle uova stesse, mentre infine sono le ranocchiette che, sapientemente agendo dall'interno, li aprono. È allora che le si può ammirare sporgersi per prender, per la prima volta, conoscenza del mondo. E non è, davvero, uno spettacolo da poco.

Prendere conoscenza del mondo, veramente, è soprattutto un modo di dire, anche se non sbagliato, perché nella realtà il loro sporgersi ha anche altri scopi. Le ranocchiette infatti sono ancora ospiti di mamma ma, protendendosi all'esterno, catturano piccole prede. Ciò inizia, però, solo due mesi dopo che le uova si sono invaginate nell'accogliente e spessa pelle materna. E ancor prima c'è una lunga trafila da percorrere, quella che di solito gli anfibi fanno in libertà: la loro vita da quasi-pesci, cioè da girini. Per le rane del Surinam, però, niente libertà se si è girini. Vita da pesci sì, ma solo «in scatola».

Sono stato, fin qui, molto descrittivo ma poco esplicativo. Mi piace così, e mi pare che, tutto sommato, funzioni: prima raccontare quel che avviene, poi affrontare la questione del perché. E qui, in queste due peculiari ranocchie, di «stranezze» di cui dar conto ne avvengono parecchie. E «stranezze» non da poco. C'è però un punto di convergenza tra i due casi, e proprio ciò consentirà la spiegazione.

In entrambi i casi, infatti, i girini, quelli cioè che rappresentano la fase pre-metamorfosi, se ne stanno tutti sempre ben nascosti, acquattati o nello stomaco materno, nel caso dei piccoli *Rheobatracus*, o nelle comode cellette cutanee, in quello delle piccole *Pipa*. E perché mai? Chiaro: perché sarebbe troppo pericoloso per i singoli girini, e troppo rischioso per la specie, lasciarli vagare liberi nell'acqua. Troppi predatori acquatici nelle acque dove si sono evolute le due specie.

Così le ingegnose soluzioni, tutte in funzione di un'intelligente strategia antipredatoria. Lunghi lavori adattativi d'un'evoluzione che ha avuto il tempo e le strutture per metterli in atto, modificando fisiologia, morfologia e comportamenti. Un raffinato «disegno intelligente», come oggi si suol dire pensando ad altro, frutto però soltanto dell'opera della selezione naturale. E di tantissimo tempo. Quanto al risultato, o meglio ai risultati, sono fantastici perché poi tutto quadra, tutto poi ha un senso, a cominciare dalla femmina di *Rheobatracus* che, per il periodo in cui lo stomaco funziona da utero, smette di cibarsi, alla nuotata di coppia di *Pipa* maschio e femmina, a tutto il resto. La pelle cioè che s'ispessisce, le uova che s'invaginano, le metamorfosi nascoste, quegli anfibi ragazzini che sporgono le loro mani delicate per procurarsi il cibo... Tutto, insomma. Ed è proprio questa la sapienza della specie, una sapienza sì inconsapevole, ma calibrata all'ambiente e perciò perfettamente adatta alla sopravvivenza perché garantita dal collaudo antico e sempre valido della selezione naturale.

Una vita da crostaceo

I paguri, gli strani animaletti che abbiamo imparato a conoscere fin da bambini, ogni tanto ci regalano qualche interessante novità. Sì, proprio loro, quegli strani granchiolini che curiosi osservavamo al mare in vacanza e che poi ritrovavamo sui libri di scuola, dove ci esemplificavano la simbiosi: il crostaceo che fa capolino da una conchiglia e, piazzata sopra, l'attinia, un animale (un celenterato) che sembra un fiore. Denominato anche, per ciò, anemone di mare.

Possedere la giusta conchiglia è, per ogni paguro, importante. Una pesante lo rallenterebbe, mentre una piccola gli impedirebbe di crescere. Esistono inoltre, a parità di peso e dimensioni, conchiglie più gradite di altre. Per il paguro bernardo, tanto per fare un esempio, quella di *Littorina*, che è una lumachina, è, a parità di dimensioni, sempre preferibile a quella di *Gibbula*, un'altra lumachina. È d'altronde stato dimostrato che un paguro che indossa una conchiglia che «gli va a pennello» ha ben maggiori probabilità di sopravvivere e di riprodursi di uno che ne indossa una così così. E ciò spiega la meticolosità – e la sapienza – con cui questi affascinanti crostacei fanno le loro scelte.

Ciò detto non meraviglia se in fondo al mare continuamente scoppiano le *shell wars* (termine inventato dagli etologi in assonanza con le *star wars*, le cinematografiche guerre stellari). Ed è utile, per ben comprendere l'ultima scoperta a proposito di queste contese, soffermarsi un poco, prima, su ciò che fanno due paguri che stanno per combattere per questa fondamentale risorsa.

È facile capire quale individuo attaccherà per primo e quale invece cercherà solo di difendersi. L'attaccante, che è quasi sempre il più grande, dopo un contatto antenne contro antenne, mette subito in atto la «presentazione» delle chele, distendendole e allargandole. L'altro può rispondere con la fuga, e in questo caso lo scontro non ci sarà, oppure ritirandosi nella conchiglia. Se fa così, l'attaccante inizia con una meticolosa ispezione del guscio del rivale e, usando gli arti ambulacrali, inizia a scuoterlo fortemente. Il poveretto, rintanato dentro, risponde allora fuoriuscendo con la parte anteriore e presentando anch'esso le chele. È un tentativo: se la va la va. Segue poi, da parte di ambedue i contendenti, il comportamento dell'«estensione», dove le chele vengono tese in avanti e spinte, con un rapido movimento, verso l'avversario.

Ebbene, il rituale fin qui descritto non è, per gli studiosi, una novità. La vera scoperta è che le due azioni, quella della presentazione e quella dell'estensione, contengono il primo un messaggio sempre «onesto», mentre il secondo spesso ne convoglia uno «disonesto». Sono stati R.W. Elwood e alcuni suoi collaboratori della Queen's University di Belfast a fare questa interessante scoperta, e per farla hanno organizzato in acquario una gran quantità di combattimenti tra individui di *Eupagurus bernhardus* dopo averne valutato sia le dimensioni corporee e delle chele che la qualità delle loro conchiglie. Su questa base, sull'andamento e infine sull'esito degli scontri, hanno potuto così dimostrare che, effettivamente, mentre la «presentazione» consente ad ambedue i contendenti una corretta valutazione delle reciproche potenzialità, l'«estensione» spesso contiene una componente ingannatoria, un bluff. Grazie a ciò non raramente individui più piccoli e deboli, altrimenti perdenti garantiti, riescono a prevalere: ciò non solo impedisce il furto della loro conchiglia ma, in qualche caso, addirittura consente lo scambio con quella dell'altro.

Il caso dei paguri non è, tra i crostacei, l'unico. Manifestazioni «disoneste» sono state scoperte anche in altre specie, come nella cicala di mare *Gonodactylus bredini*, nel gamberetto *Alpheus heterochaelis* e nel granchio violinista *Uca annulipes.* Pare vengano usate, nel caso della cicala di mare, soprattutto dagli individui in muta, cioè in uno stato di grande

vulnerabilità, oppure, come avviene nel granchio violinista, dopo che una chela è stata da poco rigenerata ed è pertanto ancora fragile e sottile.

Non è a ogni modo chiaro, finora, quanto, in situazioni effettivamente naturali, questi segnali «disonesti» vengano usati e che importanza abbiano. Ancora oscuro, soprattutto, e oggetto di molte discussioni, è il vantaggio evolutivo che, tramite questi bluff, verrebbe attribuito a individui che, in situazioni totalmente «oneste», risulterebbero quasi certamente soccombenti.

Concludendo questa complessa storia in via del tutto generale, ciò che mi pare risulti chiaro è che, all'interno di rituali innati, complessi e immutabili, certi crostacei possano (perfino loro!) inserire varianti dovute a speciali situazioni contingenti. Varianti che sono il frutto di personali esperienze.

Ciò è stato ben chiarito soprattutto per quanto riguarda i combattimenti ritualizzati che avvengono tra i paguri, dove una grande importanza nel determinare l'esito degli incontri, a parità di dimensioni e di conchiglia, risulta essere l'esperienza pregressa dei due contendenti. Se un individuo infatti è reduce da una serie di vittorie, risulterà più facilmente vincitore del reduce da una serie di sconfitte. E tutto ciò è stato dimostrato con ingegnosi esperimenti dove le esperienze sempre positive o sempre negative venivano fatte vivere ai «paguri sperimentali» facendoli combattere, e vincere o perdere, all'interno di combattimenti di proposito «truccati». E il trucco semplicemente consisteva nel farli sempre incontrare con individui un po' più piccoli di loro o, al contrario, un po' più grandi. Era ciò, in definitiva, che fabbricava le opposte categorie dei predestinati alla vittoria o alla sconfitta. È insomma, sempre, la solita storia, o se vogliamo la solita ricetta: un po' di apprendimento e un po' di istinto, ben mescolati. E poi servire sul mercato della vita. Un cocktail che, in natura, funziona sempre.

Se manca il lupo

Sono poco più di dieci anni, dopo una sessantina di assenza, che sono ritornati i lupi nel parco di Yellowstone, Stati Uniti. L'unico lupo buono, una volta si diceva da quelle parti e, purtroppo, un po' dappertutto, è quello morto. Così gli allevatori e, sembra incredibile, perfino il personale del parco, cooperarono per farli fuori tutti. Il parco però senza lupi non funzionava: troppi erbivori, soprattutto troppi cervi e, di conseguenza, un eccessivo impatto sulla vegetazione. Poi, si sa, uno squilibrio tira l'altro. Si è così capito, ma ce n'è voluta, che è quello vivo il lupo buono. Che se, in altre parole, la sapienza della natura ha trovato uno spazio per un grande predatore, un motivo deve pur esserci stato. Altro che «il buon senso antico» degli allevatori. Per non parlar degli altri.

Nel 1995, a ogni modo, avvenne (*obtorto collo*) la reintroduzione e, da allora, non solo le popolazioni delle prede si sono considerevolmente ridimensionate, oltre che risanate, ma il ritorno del lupo ha anche determinato interessanti cambiamenti nella demografia di altri predatori. Di ciò qualcosa si può capire guardando cosa succede a Yellowstone quando, dopo una predazione, la muta abbandona ciò che resta della carcassa e, essendoci ancora di che nutrirsi, arrivano altri commensali. Certi, come l'orso e il tasso, raramente; altri, come il coyote, la volpe, un paio di specie di aquile e alcune di corvidi, abitualmente.

L'effetto, soprattutto, si è sentito sulle aquile e sul coyote. Le popolazioni di quest'ultimo si sono drasticamente ridimensionate, mentre c'è stato un deciso incremento in quelle di aquile. Ed ecco la spiegazione. Il lupo tende, se può, a eliminare i suoi competitori alimentari, ma mentre girare attorno alla carcassa è un rischio vero per il coyote, le aquile, che possono sfuggire volando, praticamente banchettano gratis. Si tratta, in fin dei conti, di una questione di costi e benefici. Mentre il piccolo canide paga caramente il ritorno del lupo, per le aquile quel ritorno significa puramente un incremento delle risorse.

Quanto descritto un poco già ci illustra quanto possano essere complesse le relazioni tra le specie, ma parlare solo di numeri sarebbe riduttivo. Riferendoci ancora alle famose carcasse, c'è da dire che si potrebbero incontrare anche altri visitatori abituali: i biologi del parco. Seppure per motivi differenti, anche loro vanno a caccia di resti: delle carcasse studiano infatti lo stato dei denti, fanno prelievi di midollo osseo e di vari tessuti. Puntano, in definitiva, a sapere tutto delle prede, e ciò per comprendere cosa effettivamente preferiscono predare i lupi. Non c'è infatti mai casualità nella loro predazione. Il prelievo ha bensì regole statisticamente precise: un buon numero di giovani quando è la stagione delle nascite e poi individui vecchi, oppure malati. Ciò che è certo è che i lupi di Yellowstone non predano mai il primo che passa, ma studiano la mandria e scelgono in un modo che, in definitiva, è quello più vantaggioso sia per loro che per la salute e l'equilibrio delle stesse popolazioni predate.

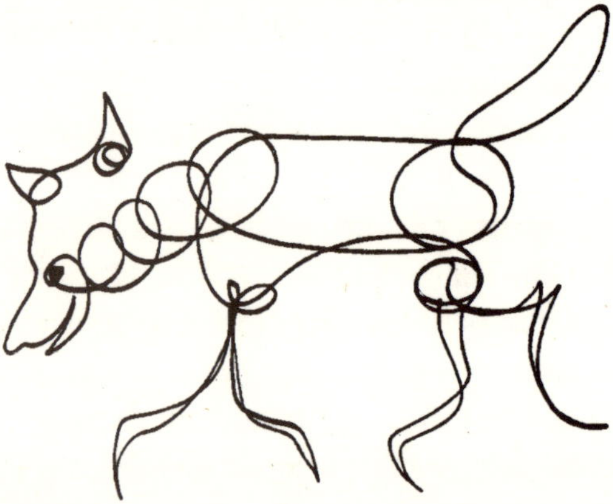

E ciò che, saggiamente, fanno i lupi, lo fanno un po' tutti i predatori. Il falco pellegrino, come ho già detto, con finti attacchi eccita e spaventa la gran nuvola nera formata da migliaia di storni che volano compatti, o di anatre o di colombi selvaggi. La strategia antipredatoria consiste infatti nello stare uniti; quella predatoria nel far uscire dallo stormo l'individuo troppo pauroso, troppo debole, troppo qualcos'altro. Sarà lui la vittima designata, e non sarà per caso.

L'evoluzione insieme (coevoluzione) ha raffinato comportamenti tesi a mantenere in equilibrio e in salute sia le popolazioni delle prede che quelle dei loro predatori. Ed è affascinante scoprire come anche i primitivi cacciatori umani abbiano saputo darsi culturalmente regole sagge, non dissimili da quelle che i predatori inconsapevolmente ma intelligentemente mettono istintivamente in atto. Non solo la loro demografia era calibrata sulla dimensione e produttività dei territori, ma culturalmente ogni popolazione di cacciatori primitivi ha evoluto abitudini e norme tali da preservare la qualità e quantità delle specie predate. I boscimani del Kalahari, per esempio, saggiavano l'efficienza delle antilopi inseguendole a lungo, con grande costo energetico per prede e cacciatori. Solo quelle che davano segno di non farcela, che in qualche modo si arrendevano, venivano poi colpite dalle frecce.

Ma quello, il mondo del Paleolitico, è stato l'unico, in tutta la storia dell'umanità, in cui la nostra specie ha vissuto in equilibrio con tutte le altre, animali e vegetali.

Topi, ghiande e ghiandaie

Può sembrare futile che dei ricercatori dedichino tempo ed energie a studiare che ghiande scelgono certi topolini. Non è così, però, e cercherò di spiegarne il motivo. Ma veniamo al dunque: la recente pubblicazione su *Animal Behaviour*, da parte di Alberto Muñoz e Raúl Bonal dell'Università spagnola di Castilla-La Mancha, della ricerca intitolata «Are you strong enough to carry that seed? Seed size/body size ratios influence seed choices by rodents». E il titolo, mi pare, già dice l'essenziale («Sei abbastanza forte per trasportare quel seme? I rapporti dimensionali tra seme e corpo influenzano i roditori nella scelta dei semi»). A ogni modo, per entrare veramente in argomento, dirò che i due studiosi hanno preso due specie di topolini, *Mus spretus*, che può raggiungere il peso di 18 grammi, e *Apodemus sylvaticus*, che arriva ai 45, e li hanno fatti scegliere tra ghiande di *Quercus ilex* di differenti dimensioni. Hanno così dimostrato che, sebbene le due specie tendano a preferire le ghiande di maggiori dimensioni, devono poi fare i conti (e sanno farli benissimo) col fatto che non è possibile trasportare ghiande che pesano più del 60 per cento del loro stesso peso. Il che vuol dire che le due specie prelevano, all'interno della variabilità esistente, categorie ponderalmente differenti di ghiande.

Bella scoperta? Direi di sì, tutto sta a comprenderne il significato per ammirare la sapienza con cui le specie, animali e vegetali, calibrano le loro caratteristiche in funzione della loro equilibrata esistenza. Occorre innanzitutto sapere che quei roditori, col loro trasporto a fini alimentari delle ghiande, contribuiscono a disseminare le querce. Ciò perché un po' di ghiande viene perso per strada o viene dimenticato dov'era stato nascosto. Queste ghiande non raccolte casualmente (il che è fondamentale) daranno poi origine a nuove pianticelle, e ciò significa che i topolini, a seconda delle scelte tra loro differenti, disseminano ghiande geneticamente un po' diverse. E già questo è interessante.

Però, se si vuole fare un discorso generale, c'è altro da dire, perché non solo i topolini scegliendone i semi partecipano all'evoluzione delle querce, ma è noto che anche queste, con la loro presenza (o assenza), influenzano l'evoluzione di chi di ghiande si nutre. E certo non sono solo topi. Il che introduce altri importanti concetti, tra loro interconnessi, come sono quelli di coevoluzione e di biodiversità.

E, a proposito di quest'ultima, occorre rilevare che trop-

po spesso si insiste sugli aspetti quantitativi, come se fosse solo importante il numero di specie presenti, mentre si tende a trascurare lo studio dei rapporti tra le specie che, reciprocamente influenzandosi, cioè coevolvendo, mantengono in equilibrio l'ambiente. Per ciò è così utile conoscere i rapporti intercorrenti tra le specie che formano ogni singola biodiversità. E, a tale proposito, è interessante considerare l'importante ruolo delle querce, considerate «specie chiave» perché condizionanti, con la loro presenza, quella di molti animali e vegetali. Le loro ghiande sono una risorsa anche per cinghiali, scoiattoli, ghiandaie e altri ancora, e ogni specie ha sviluppato un suo speciale rapporto con questi alberi. J. Bossema dell'Università di Groningen ha, per esempio, evidenziato che anche le ghiandaie scelgono a una a una le ghiande per certe loro caratteristiche, e che dunque anch'esse partecipano alle operazioni di selezione. Le querce, a ogni modo, non offrono solo risorse alimentari. Fanno una grande ombra influenzante il suolo, offrono asilo e così via. Molti rapaci notturni nidificano in loro cavità. E di notte, dall'alto di un ramo, scrutano giù, mirando a catturare, se va bene, un qualche roditore, che potrebbe anche essere un *Mus spretus* o un'*Arvicola sylvestris*. Ma perché la predazione vada, come si dice, a buon fine, occorre che, tuffandosi dal ramo, quei rapaci non producano ultrasuoni. Altrimenti i roditori li percepirebbero e farebbero in tempo a fuggire. C'è insomma stata coevoluzione anche tra i roditori e i loro predatori alati, perché se non fosse stato per loro, mai gufi e civette avrebbero evoluto un volo totalmente silenzioso.

Tante storie naturali girano dunque intorno alle querce. Non sarebbero specie chiave, altrimenti. Ed è proprio questo tipo di storie che rende tutt'altro che futile ogni ricerca sulla coevoluzione.

Mimetismi

Cos'è che spinge animali grandi e piccoli a camuffarsi così da essere scambiati per esseri diversi, o a dissolversi sullo sfondo di ambienti naturali differenti? Ebbene, nella natura sapienti inganni e stratagemmi intelligenti sono tutt'altro che rari, e non è difficile scoprire come certe fantastiche invenzioni naturali possano produrre, per chi le mette in atto, consistenti vantaggi. Ed è proprio ciò, e cioè il produrre vantaggi, che fa evolutivamente avanzare il fenomeno mimetico.

Per la polimorfa tribù dei truffatori naturali travestimenti o trasformismi possono infatti rappresentare un'arma essenziale in funzione della stessa sopravvivenza. Ed eccoci allora sempre lì, a disquisire di selezione naturale, di adattamenti, di evoluzione. Perché il mimetismo è lì che si colloca, anche se la sua non è una storia evolutiva qualsiasi. C'è infatti qualcosa, nel gioco mimetico, di davvero speciale.

La prima cosa che viene in mente, per esempio, è che il mimetismo coniuga sempre la comunicazione con l'inganno in funzione dell'ottenimento di un vantaggio. Già questo sarebbe di per sé un *unicum*. Ma c'è di più perché, soprattutto nei casi di mimetismo più estremi, è possibile scoprire fino a che punto possa arrivare la fantastica capacità che la natura possiede di fabbricare copie pressoché perfette partendo da molto lontano, da forme in origine addirittura banali e insignificanti. Sono, per esempio, viaggi evolutivi straordinari quelli che hanno compiuto le mosche del tutto innocue del Borneo che, grazie alla perfetta rassomiglianza nel tempo acquisita con certe velenosissime vespe, sono proprio per ciò evitate dai loro eventuali predatori. E questo rappresenta un tipo, detto batesiano dal suo scopritore Henry W. Bates, di mimetismo difensivo. Sempre in quest'ambito, però, conosciamo anche l'altra faccia dello stesso specchio, quando cioè l'imitatore non è la preda ma il predatore. È questo il caso delle tante specie di mantidi-fiore africane e del Borneo, il cui colore brillante e le espansioni petaliformi del corpo e delle zampe, simili alle piante su cui si posano, attraggono ineluttabilmente gli insetti che vengono perciò catturati e divorati.

È la crudele astuzia della natura, si potrebbe dire. E si conoscono altre forme di mimetismo, come quello detto

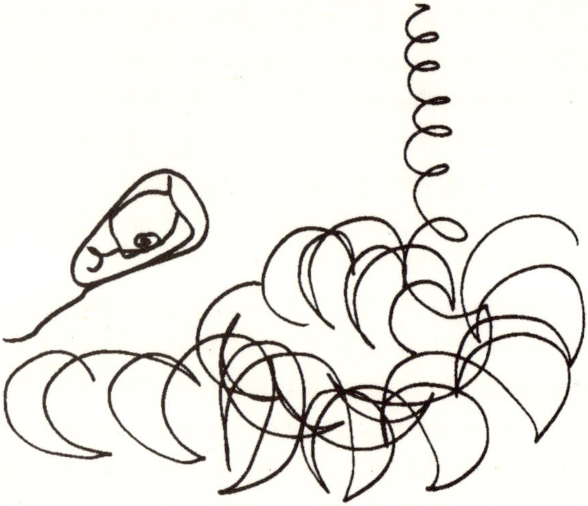

mertensiano dal nome dell'erpetologo Robert Mertens, che scoprì il caso delle circa settantacinque specie di serpenti corallo del Nuovo Mondo, appartenenti a due differenti famiglie, quella velenosa degli elapidi (i veri) e quella innocua dei colubridi (i falsi), che nell'insieme si esibiscono in una sorta di gioco di prestigio da capogiro, con una gradualità di specie che va dalle mortali alle moderatamente velenose e dove, comunque, ognuna gioca la sua parte e tutte, in un modo o nell'altro, ne traggono giovamento. C'è il mimetismo mulleriano (da Fritz Müller) dov'è difficile capire chi è il mimo e chi è il modello, e infine c'è il mimetismo criptico, che tende semplicemente al camuffamento nei confronti dell'ambiente. Tanti mimetismi, dunque, ma in definitiva sempre lo stesso fenomeno di base dove, pur nell'assenza di ogni finalismo, si assiste all'esercizio raffinato e quasi incredibile della natura che imita perfettamente se stessa.

Illustrate così, sinteticamente, le principali forme di mimetismo animale, mi pare interessante ampliare un po' il racconto inserendo, innanzitutto, un elemento vegetale. Poi, e anche questo mi pare interessante, raccontare un caso, implicante sì un mimetismo difensivo, ma anche qualcos'altro. Perché, come si sa, quando si mette in atto un'escalation guerresca, tutto può servire, e ogni forma di intelligenza, se possibile, viene purtroppo (se penso alle guerre di noi umani) reclutata. Eccovi dunque la storia della contesa in corso tra una bella pianta, la passiflora, e una farfalla detta *Heliconius.*

Vedendo come si sono andati raffinando o, almeno in qualche caso, addirittura incattivendo i rapporti tra la passiflora e la farfalla *Heliconius*, vien da pensare: ecco com'è che si diventa specialisti. Sembra quasi che il resto del mondo non esista più. Tutto lo sforzo evolutivo della pianta consiste infatti nel difendersi, o almeno nell'attenuare gli effetti negativi della farfalla. Quanto a quest'ultima, si capisce, anche lei deve raffinarsi, farsi sempre più furba: specializzarsi insomma.

C'è da dire che la larva dell'*Heliconius* può creare davvero grossi fastidi a quella pianta. È così distruttiva che può perfino condurre alla morte, se la pianta è giovane. In ogni caso può ritardarne lo sviluppo, non farla fiorire, farla sopravvivere a stento. E così la pianta fa di tutto per sfuggire alla maledizione consistente nell'esser scelta per l'oviposizione da parte della farfalla.

E questo far di tutto si riassume come segue: primo, non farsi riconoscere; secondo, dissuadere dal farsi infestare; terzo, assoldare una milizia. Siccome è soprattutto il punto due l'originale, sbrigo rapidamente l'uno e il tre. Quanto al non farsi riconoscere, dato che la farfalla usa assai bene la vista, le piante di passiflora hanno modificato la forma delle loro foglie giovani, cioè quelle prese a bersaglio, in modo da imitare altre specie non commestibili; quanto alle milizie assoldate, si tratta per lo più di formiche, che vengono convinte a stabilirsi sulla pianta dato che per loro vengono fabbricati speciali «omaggi» rappresentati da secrezioni di nettare extrafloreale. Così ricompensate le formiche fanno la guardia e, per quanto possibile, «spulciano» la pianta da larve e uova.

Il momento più originale in questa corsa agli armamenti è, però, quello della dissuasione. Bisogna sapere che le *Heliconius* preferiscono non deporre l'uovo dove ce ne sono già altri, sia per evitare concorrenze alimentari sia perché le larve di maggior dimensioni possono addirittura cannibalizzare quelle più piccole. E anche nel caso della dissuasione la vista è importante: le uova sono di un bel giallo brillante e assai palesi. Così la passiflora, sulle giovani foglie, si è messa a costruire imitazioni di uova, cioè macchie gialle, assai verosimili e funzionalmente efficaci.

Per quel che ne sappiamo, questa guerra vegeto-animale è in pieno corso o, per parlare più scientifico, la coevoluzione è in pieno progresso. E la farfalla, nel suo sforzo crescente di non essere ingannata, sta diventando, per così dire, monomaniaca. O meglio monofagica: insomma, è così concentrata sulla passiflora che ormai non può più mangiare altro.

Dopo aver tanto parlato di mimetismo tra specie fra loro in vario modo in guerra, c'è ancora dell'altro da dire sul mimetismo, perché il fenomeno mimetico può avvenire anche all'interno della stessa specie. Il primo caso che voglio raccontare è quello di *Haplochromis burtoni*, un pesce ciclide vivente in acque dolci africane. I ciclidi, è ben noto, sono animali assai cari agli etologi presentando spesso comportamenti complessi ed essendo ben studiabili in acquario, dove facilmente si riproducono. Un'abitudine molto frequente nella famiglia è l'incubazione orale. Le uova, cioè, dopo es-

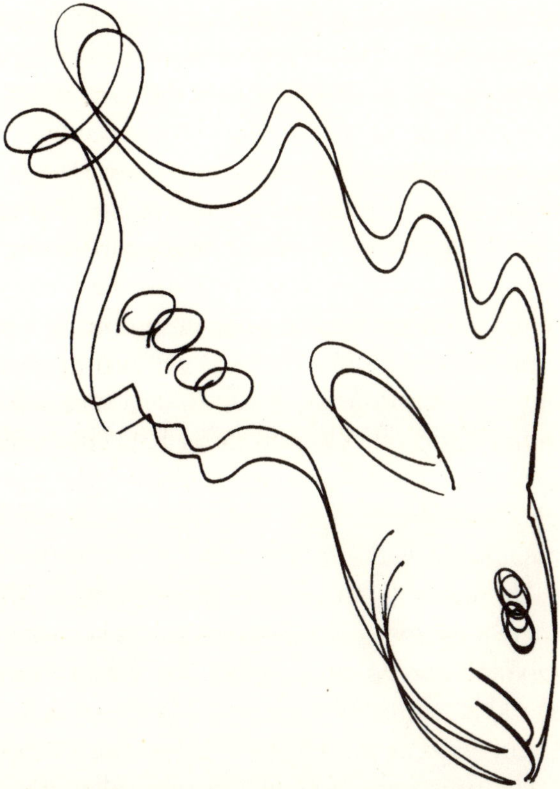

sere state deposte, vengono prese in bocca e qui tenute fino alla schiusa, ben ossigenate per la corrente d'acqua che passa attraverso le branchie, e soprattutto ben protette contro ogni tipo di predazione, in parziale analogia con quanto abbiamo appena visto, con le nostre due specialissime rane. Come i girini di quelle rane, anche gli avannotti di *Haplochromis* se ne stanno per un po' nella bocca-rifugio, e anzi v'è un periodo in cui è possibile vedere lo spettacolo incredibile d'uno sciame di pesciolini che impunemente entra ed esce dalla bocca materna. Un particolare va comunque sottolineato, in questo peculiare sistema riproduttivo. C'è sempre un intervallo, tra la deposizione e l'incubazione orale, essenziale perché in questo periodo, che in qualche specie dura più di un giorno, in qualche altra pochi minuti, deve avvenire un rito essenziale: la fecondazione delle uova. Ebbene, nell'*Haplochromis burtoni* non è così. La femmina di queste specie depone le uova e immediatamente raccoglie in bocca il suo prezioso prodotto.

Uova vergini dunque, e ciò pone un problema nuovo, visto che anche queste uova devono, per svilupparsi, venire fecondate. E la soluzione sta nel fatto che, in questo pesce, d'orale non c'è solo l'incubazione, c'è anche l'inseminazione. Il tutto avviene così. Bisogna sapere che le rosse e cospicue uova dell'*Haplochromis* sono uno stimolo irresistibile, per la femmina, immediatamente evocante il comportamento di raccolta. Un modo di fare, questo, inconfondibile, diverso e dal mordere e dal mangiare. Ed è su ciò che si basa l'iconico messaggio (che è un po' un inganno) maschile. Il maschio infatti, quando la femmina ha terminato la sua raccolta, si porta sul fondo, dispiega la pinna anale ed emette il suo sperma. Ed è qui che entra in ballo l'icona, perché sulla pinna distesa sono imitate alla perfezione, ed evidenziate da un anello di colore contrastante, alcune rosse uova. Così la femmina non può che cascarci. Si avvicina alla pinna e, nel ripetuto e vano tentativo di raccogliere quegli zimbelli, risucchia il seme che, nella sua bocca, feconderà le uova.

Con ciò, l'esempio di *Haplochromis* è terminato, ma certo non le imitazioni intraspecifiche, che sono tante e diverse. Ricordo la leonessa, che quando è in estro attua rivolta al maschio la «presentazione dei genitali». Comportamento ben riconoscibile e che convoglia un messaggio di accettazione sessuale ma che, insieme, funziona smorzando l'aggressività maschile. Ebbene, lo stesso comportamento lo si ritrova attuato, per non consapevole imitazione, dai cuccioloni quando si avvicinano a un maschio adulto. In quest'ultimo caso, però, ogni connotazione sessuale è scomparsa e rimane solamente l'effetto bloccante l'aggressività. Guardando le cose un po' dall'alto, e cioè facendo un confronto tra le specie selvatiche di felini, si osserva che la presentazione compare sempre tra le femmine, mentre l'uso da parte dei giovani è proprio solo dei maschi. Il fatto è che solo i leoni sono felini veramente sociali, ed è proprio con l'evoluzione verso una maggior socialità che è avvenuta nella specie leonina un'estensione dell'uso del comportamento di presentazione. Viene detto, questo fenomeno, mimetismo intraspecifico ed è tutt'altro che raro.

L'interruttore degli istinti

Nereis è il nome di una ninfa greca, ma è anche quello di un genere di anellidi marini. È, questo, un riconoscimento alla loro bellezza. D'altronde non pochi nomi di ninfe e di dee sono stati attribuiti ad anellidi policheti, splendidi esseri provvisti di variopinti ciuffi di setole, cirri, branchie a forma di filamenti, foglie, pettini o cespugli. Così alcuni di questi anellidi si sono guadagnati il passaporto per entrare nel mondo dell'acquariologia marina e forse, chissà, qualcuno dei lettori potrà ripetere, senza particolari sforzi e attrezzature, l'esperimento che sto per raccontare. Protagonista è, appunto, *Nereis*, delicato animale che vive di norma in un piccolo cunicolo tubiforme che esso stesso si costruisce nella sabbia del fondo marino. È pertanto un essere sedentario, che se ne sta lì, nel suo rifugio, soprattutto a procurarsi il cibo. Per far ciò, sporge il capo e i segmenti anteriori del suo lungo corpo, ma occorre davvero poco perché si ritragga. È sufficiente un allarme improvviso, per esempio un'ombra che passa, e il capo dell'animale, come fosse quello di una tartaruga o di una lumaca, si ritrae nel suo guscio fino a scomparire. È questione di poco, però: dopo un minuto, o anche meno, il capo dell'anellide riappare.

E ora l'altro protagonista di questa storia d'istinti e apprendimenti, l'etologo R.B. Clark, che alla fine degli anni Cinquanta del secolo scorso iniziò, nel suo laboratorio, a studiare in modo sistematico il comportamento di ritrazione di *Nereis* a seguito di stimoli diversi. Così fu in grado di dimostrare che questi anellidi, se gli stimoli vengono ripetuti a intervalli regolari, smettono di manifestare la loro risposta automatica in quanto, appunto, istintiva. E l'analisi si articolò, in acquario, in modo piuttosto raffinato, cosicché risultò che, per esempio, usando come stimolo un lampo di luce, sono necessarie, perché la risposta si estingua, meno di quaranta prove se l'intervallo tra esse è di mezzo minuto, mentre ne servono ottanta se l'intervallo è di cinque minuti. Cambiando la natura dello stimolo, poi, e cioè usando in alternativa leggeri contatti fisici, oppure vibrazioni, oppure ombre anziché lampi luminosi, si accorse che ognuno di questi «allarmi» produce una differente curva d'estinzione del fenomeno. Curva che rappresenta la risposta di una popolazione di anellidi.

Il fenomeno studiato da Clark riguardava uno specialissimo caso di apprendimento detto assuefazione (*habituation*), e che si trattasse davvero di apprendimento, e non di affaticamento, risultò evidente quando Clark, appena raggiunta in una popolazione di *Nereis* la totale estinzione della risposta (per esempio, attraverso lo stimolo «ombra in movimento»), provò a sollecitare gli stessi individui con un altro stimolo (per esempio con lo «shock meccanico»). Ebbene, questi individui, freschi come una rosa, prontamente risposero dando inizio alla costruzione della curva specifica, e dunque diversa dalla precedente, per questo tipo di stimolo. Se si fosse trattato di fatica, ovviamente, non avrebbero più potuto rispondere. L'apprendimento detto assuefazione è pertanto, in termini scientifici, anche «stimolo-specifico».

Ma che funzione ha, in natura, l'assuefazione? Occorre intanto dire che è una forma di apprendimento molto diffusa nel regno animale, presente già nei protozoi (l'ho anticipato a proposito delle vorticelle, con cui è possibile fare un esperimento analogo a quello che ho qui descritto per *Nereis*), e che mai abbandona gli esseri viventi nel loro tragitto evolutivo, cosicché la troviamo anche nei più evoluti vertebrati. È un apprendimento, se vogliamo definirlo, «che produce una riduzione o eliminazione relativamente permanente di una risposta, di norma istintiva, in assenza di ogni palese premio o punizione». Ecco, credo che questa definizione sia illuminante sulla funzione naturale generale dell'assuefazione. Come ho già detto, ogni animale, a qualunque specie appartenga, nasce provvisto di una certa quantità di risposte a situazioni attese, risposte che sono indipendenti dall'esperienza individuale e che invece possiamo considerare come l'esperienza della specie. Comportamenti, cioè, «a stretto controllo genetico», utili per la sopravvivenza e «di pronto impiego». Quelli che, secondo una vecchia terminologia, vengono detti istinti. Ebbene, il meccanismo dell'assuefazione sembra proprio essere il sistema per evitare il cattivo uso di questi comportamenti, o almeno per favorirne un uso calibrato alle circostanze.

Voglio, a tale proposito, ricordare il caso significativo di quelle vespe e di quelle formiche che nidificano in associazione coloniale con varie specie di uccelli. Questi insetti apprendono, attraverso l'assuefazione, a non reagire più allarmandosi al vibrare dei rami causato dai loro uccelli quando si posano. Sono anche in grado, però, quelle vespe e quelle formiche, di reagire esprimendo il loro comportamento aggressivo se invece i rami sono toccati da qualche altro animale. Di cogliere cioè la differenza. Ciò spiega benissimo perché l'assuefazione debba, necessariamente, essere stimolo-specifica.

Un altro fatto ben noto, sempre dipendente dall'assuefazione, è lo scarso effetto, su tempi un po' lunghi, di qualsiasi tipo di spaventapasseri. Per terrifico che lo si costruisca, questo antropomorfo arnese dopo una certa efficacia iniziale viene infatti trascurato dagli uccelli per cui è stato immaginato. Questi pian piano si avvicinano finché apprendono che gli spaventapasseri evocano sì un'istintiva paura, ma anche che da essi non proviene mai alcuna punizione. E così gli uccelli si assuefanno. Che senso avrebbe, infatti, perdere tempo e spendere energie in cambio di niente?

Così, ormai avrete compreso, l'assuefazione è uno speciale e antico modo di apprendere che non determina, come gli altri, l'acquisizione di nuove abilità e comportamenti. Al contrario agisce spegnendo, se è il caso, risposte innate, o meglio ancora calibrandole all'effettiva realtà dei fatti. E siccome l'assuefazione è una forma di apprendimento praticamente universale, coinvolgente cioè animali assai diversi quanto a livello evolutivo, essa si manifesta con differenti caratteristiche sia per quanto riguarda il tempo di ricomparsa della primitiva risposta sia per le possibilità e i limiti di generalizzazione dello stimolo che determina il fenomeno.

Occorre infine ricordare anche l'esistenza di comportamenti resistenti all'assuefazione. Comportamenti, cioè, che evidentemente è utile, cioè in definitiva saggio, che si manifestino sempre, almeno nelle situazioni naturali. A titolo di esempio cito il comportamento di ricerca, e di riporto al nido, dei piccoli dispersi da parte di certi roditori. Il topo, al proposito, è stato ben studiato. In questa specie i piccoli che si trovano abbandonati fuori dal nido emettono specifici ultrasuoni che evocano negli adulti un comportamento di ricerca cui segue, di norma, il rinvenimento e il riporto nel nido. Ebbene, i topi adulti, opportunamente, in questo caso non sono in grado di apprendere, tramite assuefazione, a non rispondere più a quegli ultrasuoni, anche se la ricerca che ne consegue non è mai premiata dal ritrovamento di alcun piccolo. Ciò è stato sperimentalmente verificato emettendo registrazioni in playback degli ultrasuoni dei piccoli roditori. Evidentemente è così importante ritrovare i piccoli dispersi che è bene che i genitori non smettano mai, ma mai davvero, di cercarli se sentono il loro richiamo.

L'assuefazione pertanto altro non è che un raffinato meccanismo che sapientemente mette rimedio, quando serve, a quello che potrebbe essere il limite della sapienza della specie, e cioè la sua conservatività. Gli istinti, infatti, si sono evoluti per rispondere, in modo economico e immediato, a situazioni prevedibili e attese. Ecco dunque che, se qualcosa imprevedibilmente cambia le carte in tavola rendendo inutile, forse anche dannosa, quella risposta innata, allora ci pensa lei, l'assuefazione, a obliterarla.

L'assuefazione, che è un vero apprendimento anche se semplicemente spegne l'esternazione degli istinti, si piazza dunque all'interno della gran varietà delle sapienze del mondo animale, come se fosse un ponte che, figurativamente, collega le due parti principali del tutto. Collega cioè, fondendole e usandole al meglio, la sapienza della specie con quella dei singoli individui.

SECONDA PARTE

L'intelligenza collettiva

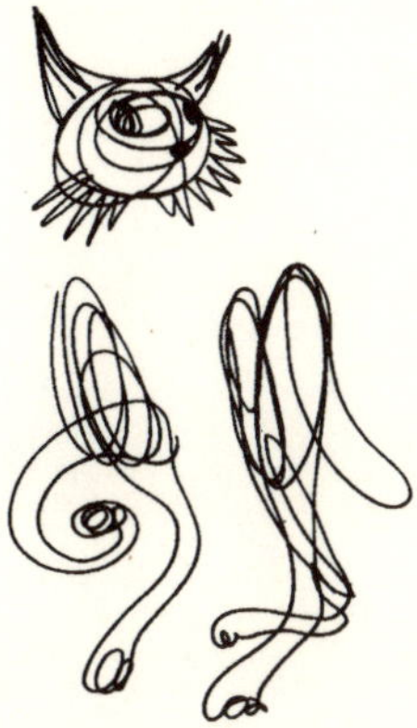

Esistono animali, come per esempio la lince, che spendono quasi tutta la loro vita in solitudine. C'è un breve periodo sociale, se così si può dire, dedicato al corteggiamento e all'accoppiamento, ma poi i coniugi si separano e ciascuno vive in un suo territorio individuale. Esiste un altro periodo di socialità, questo più prolungato, che riguarda solo la femmina, durante il quale tira su la sua nidiata. E si tratta indubbiamente di un periodo assai complesso. È comunque un dato di fatto che le linci adulte passano una parte notevole della loro esistenza praticamente da sole, seppure non manchino, anche vivendo ogni lince in un suo territorio privato, possibilità di interazioni a distanza, o di incontri ravvicinati in quelle che tecnicamente vengono definite come aree conosciute extraterritoriali e aree di esplorazione. Ampi spazi comunque non difesi e dove pertanto l'aggressività intraspecifica è ben contenuta rispetto a quel che può avvenire nell'area territoriale. In ogni caso, se un animale conduce un'esistenza per lo più solitaria, deve necessariamente cavarsela da solo, e cioè possedere in proprio «tutta la sapienza utile per stare al mondo». Va così a finire che, salvo per i comportamenti propriamente legati al sesso d'appartenenza, esiste un'ampia sovrapposizione tra la sapienza degli individui e quella propria della specie. Ogni individuo, in altre parole, deve possedere tutto l'essenziale per la sua sopravvivenza.

Diversa è invece la situazione per gli animali sociali, e tanto maggiore è la socialità tanto più cresce la differenza tra la sapienza degli individui e quella collettiva della specie.

È già sufficiente pensare a quelle specie in cui i due sessi partecipano alle cure parentali condividendo una sapienza che è, appunto, di coppia, com'è nel caso dei colombi, che si alternano sapientemente nella cova e nell'imboccamento dei novelli, oppure addirittura a un predatore sociale, com'è il licaone, per rendersi conto che in questo caso ogni individuo gioca, nel gruppo sociale cui appartiene, un suo ruolo che è un po' diverso da quello degli altri membri del suo gruppo. Tanto per dire, la femmina predominante si riproduce, mentre le sottomesse ben raramente lo fanno.

In realtà con la socialità c'è una progressiva tendenza all'incremento della biodiversità intraspecifica non solo fisica ma anche comportamentale. Questa comincia col differenziamento dei comportamenti sessuali e poi, quando esistono, di quelli parentali e via dicendo, finché si arriva al caso di più elevata socialità e di conseguente specializzazione dei ruoli, cioè il caso degli insetti detti sociali, come api, formiche e termiti. Insetti che gli specialisti chiamano «eusociali», dove anche i ruoli riproduttivi sono esclusivi d'una sola e ben definita casta.

Il panorama è, a ogni modo, ampio e diversificato, ma resta il fatto che, con l'evolversi della socialità, al di là della sapienza, sia essa innata o appresa, degli individui, esiste anche una sapienza propria di gruppi, e cioè in vario modo collettiva. E se noi facciamo mente locale sulla nostra situazione di esseri umani, ci è facile renderci conto della quantità di sapienze collettive, più o meno grandi, più o meno importanti, più o meno specialistiche, presenti nella nostra specie. Al di là delle sapienze dei singoli individui esistono infatti quelle dei gruppi, che possono essere di tipo professionale (la sapienza degli avvocati, quella dei medici, quella degli umanisti) oppure legate a particolari predilezioni culturali (la sapienza dei colombofili, dei bibliofili, dei musicofili, degli astrofili), o sportive (dei tennisti o dei giocatori di calcio). E l'esemplificazione non avrebbe mai fine, perché non esiste persona, per colta che sia, che possa possedere tutta la sapienza della specie. Ma della cultura parlerò più diffusamente nella terza parte; qui mi accontenterò, e sarà solo un'anticipazione, di parlare, in un'ottica comparativa, solo delle cure parentali.

In questa seconda parte esemplificherò, con l'ausilio di differenti esempi, come l'assommarsi di sapienze individuali possa consentire una speciale funzionalità dei gruppi sociali, dai più contenuti ai più grandi. E, singolarmente, questa seconda parte inizierà ponendo un problema che tutti darebbero per semplice e scontato: la definizione di cosa si intende per individuo. Come si fa, altrimenti, a parlare sensatamente di sapienze individuali e, in alternativa, collettive? E si capirà, così, che in natura di semplice e scontato non c'è proprio niente.

Un individuo cos'è?

Se un animale è in grado di fare una valutazione del tipo «Quello ha corna più sviluppate delle mie, è meglio che lasci perdere perché se mi metto a combattere va a finire che le busco», e a ciò arriva grazie alla sua esperienza, sembra abbastanza logico attribuirgli una certa capacità di consapevolezza di sé o, se non altro, di certe sue caratteristiche fisiche. E questo è proprio quello che sanno fare le pecore di montagna nordamericane (*bighorn*), cui basta un'occhiata a un ipotetico avversario per decidere se merita affrontarlo con atteggiamento aggressivo oppure no. E qualcosa del genere sanno fare anche daini e cervi, che si prendono reciprocamente le misure durante una rituale passeggiata, che tra l'altro è assai spettacolare, e altrettanto san fare benissimo, a modo loro, i cani.

Il fenomeno, che è piuttosto generale, prende il nome di autovalutazione (*assessment*) e, sempre a proposito dei cani, mi piace riportare, se non altro per la sua bellezza, questa breve descrizione che, in *Patagonia Express*, ne dà Luis Sepúlveda dimostrando, tra l'altro, notevoli capacità di osservazione e descrizione del comportamento animale. Raffronta, Sepúlveda, il caso dell'*assessment* canino con quello che fu il suo primo incontro con Bruce Chatwin. Incontro che i rispettivi editori avevano un po' maliziosamente combinato sperando così di ottenere che i due autori poi collaborassero tra loro.

«Con un gesto indicò la sedia. Mi accomodai, accesi una sigaretta, e restammo a osservarci a vicenda senza dire una parola, con un atteggiamento canino, sì, molto canino e saggio. Che fanno due cani quando si incontrano per la prima volta? Non latrano, non uggiolano, non dicono nulla, si limitano ad annusarsi il posteriore, a volte fermi, altre girando. Non fanno che questo, annusarsi il posteriore senza pensare a contratti o a condizioni. Alla fine di quel rituale così semplice decidono se si attaccheranno, se ciascuno continuerà per la sua strada dimenticando l'altro o se, insieme, imboccheranno un sentiero che li porterà fino all'inferno. Bruce e io facemmo esattamente la stessa cosa davanti a un tavolo del Caffè Zurich, a Barcellona. Lui sapeva che io sapevo dei due gringo, e io sapevo che lui sapeva dei due gringo…»

Mi pare che basti. I due gringo, a ogni modo, erano Butch Cassidy e Billy the Kid e gli editori avevano organizzato l'incontro sperando che Chatwin e Sepúlveda iniziassero insieme una ricerca e un libro su quei personaggi. Ma quella è un'altra storia. La mia, invece, riguarda la domanda, che potrebbe apparire futile ma che, come vedremo, invece non lo è, su cosa s'intende per un individuo.

È chiaro che individui sono senz'altro quegli animali che, come le pecore selvagge nordamericane, sanno praticare l'utilissimo esercizio dell'autovalutazione, raccogliendo così, più o meno consciamente, informazioni su se stessi (sul proprio ego?) raffrontandosi ad altri e valutandone poi la diversità.

Non sempre però la cosa è così semplice ed evidente e, proprio per ciò, mi pare utile, per poi ragionarci un po' sopra, disporre di una definizione. Prendo così in mano il mio fido Zingarelli e ricopio questa, che suona così: «Individuo (n.m.) – persona singola che possiede qualità e caratteristiche che la rendono diversa da tutte le altre».

Mi piace questa definizione, soprattutto perché prende in considerazione l'aspetto della diversità. Mi stimola, inoltre, alcune curiosità. La prima è questa: ogni animale è dunque una persona? E a ciò rispondo: be', a me capita spesso di parlare di persone non-umane oppure, in alternativa, di personalità degli animali. E non soltanto a me, ovviamente, il che consente, volendo, di allargare il discorso dell'individualità anche al di fuori della nostra specie. Credo che ormai, se non altro per gli animali cosiddetti superiori, ciò non sia più, in genere, considerato scandaloso.

Seconda curiosità: dato che ormai si pratica normalmente la clonazione, due esseri clonati, e cioè geneticamente identici (ma lo stesso dovrebbe valere anche per i gemelli monozigotici), sono ugualmente due individui, oppure sono semplicemente due copie dello stesso individuo? Ebbene, anche in questo caso non ho alcuna difficoltà a rispondere che anche gli esseri clonati, nonostante la loro uguaglianza genetica, necessariamente sviluppando una loro diversità esperienziale, non possono che venire considerati individui anch'essi, in quanto l'uno dall'altro differente.

E, volendo, di curiosità ne avrei anche altre. Preferisco però, soprattutto per non tirarla troppo alla lunga, ché non fa che confondere le idee, raccontarvi una storia naturale che sembra, più che altro, un racconto di fantasmi, fatto apposta per far nascere inquietanti leggende. Ma non solo: fatto apposta, anche, per mettere una pulce nell'orecchio a quelli che, ingenuamente, credono di sapere sempre tutto. Specie quando si tratta di cose apparentemente scontate come sembrerebbe essere l'idea di individuo.

Veniamo dunque alla storia, che è molto antica e molto interessante.

Pensate a fiammelle che magicamente compaiono, durante la notte del terzo quarto di luna, in una ben definita località nelle acque delle Indie Occidentali. Fiammelle che s'intravvedono appena sotto il pelo dell'acqua, permangono una decina di minuti e poi si spengono. Abbiamo, di questo evento così misterioso e intrigante, una stupefatta testimonianza: era la notte dell'11 ottobre 1492, e alle ore 22 le luci misteriose furono avvistate da Cristoforo Colombo, dalla poppa della Santa Maria. Le paragonò, il grande navigatore, alle fiammelle di minuscole candele alzate e abbassate a intervalli regolari.

Un segnale? Sì, certamente. Non si trattava però di spiriti infelici che periodicamente tornavano nel luogo di un'ipotetica infamia, o di un naufragio, erano – e ancora sono, perché l'appuntamento si ripete – le femmine dell'anellide marino *Odontosyllis*, danzanti ed emettenti luce per attrarre le loro maschili controparti.

Una storia di bioritmi, pertanto, data la perfetta periodicità dell'evento. Non sono pochi gli animali che hanno scadenze fisse per riprodursi, legate a eventi naturali come le maree o le fasi lunari, e tra questi molti sono gli anellidi. Ho detto prima, parlando di *Odontosyllis*, «le femmine». Ho però qualche perplessità. Saranno davvero individui gli esseri di cui sto parlando, oppure sono semplicemente frammenti, staccati da qualcuno che ancora sta, laggiù, in fondo al mare? Gli anellidi di cui sto parlando, e sono tante specie, vivono di norma sul fondo marino. Quando sopraggiunge il momento della riproduzione la parte posteriore del loro lungo corpo si differenzia, sviluppa i gameti, si stacca e naviga autonoma verso la superficie, ove appunto ha luogo la fecondazione.

Sono individui quelle parti staccate? In certe specie si direbbe di sì, perché nel differenziamento della porzione sessuata si forma anche una nuova testa (e la testa sembrerebbe essere importante); in altri casi invece più forte è l'impressione che a staccarsi non sia niente più che un prezioso cofanetto contenente le cellule sessuali. Ma, come si dice, *natura non facit saltus*, e così, nella nostra mania, o necessità?, di classificare, non si capisce più qual è il punto giusto per tracciare il confine. Perché, in fin dei conti, cos'è mai un individuo? E la testa, inoltre, è davvero così determinante?

Comunque, siano individui oppure no, sono le femmine di *Odontosyllis* che arrivano per prime alla superficie del mare liberando, con le uova, la luminescente secrezione. I maschi, attratti dal chiarore, le raggiungono in massa, rispondendo con brevi lampi e infine fecondando le uova.

Poscritto: a proposito del fatto che la presenza/assenza di una testa sia determinante per definire un individuo, le cozze, e con esse tutti gli altri bivalvi, sono sprovviste di una vera testa. Così la domanda si sposta: una cozza è un individuo oppure no? Come dicevo, niente c'è di scontato nella zoologia.

Lo strano caso dei ratti-talpa

Nelle aride savane della Somalia, dell'Etiopia e del Kenya, c'è un roditore vagamente apparentato con gli istrici che si comporta come fosse un insetto sociale o, come dicono gli entomologi, «eusociale», intendendo con ciò quello che sarebbe il livello più elevato di socialità, proprio, tanto per intenderci, delle termiti oppure delle formiche e delle api. Il socialissimo roditore si chiama *Heterocephalus glaber* e, nella nostra lingua, ratto-talpa nudo, nome che direi piuttosto descrittivo.

Fate conto che questo roditore, infatti, sia una specie di ratto praticamente privo di peli adattato a una vita totalmente sotterranea. Come se fosse una talpa, dunque. E già da quel poco che vi ho detto, immagino vi siate fatti un'idea di quanto poco attraente possa risultare alla maggior parte della gente un essere così, almeno secondo i nostri standard normali di bellezza.

A ogni modo, sia come sia, in quelle torride regioni, è possibile scovare sottoterra degli «pseudotermitai» abitati da questi rosei glabri mammiferi.

L'analogia di questi roditori con gli insetti eusociali, soprattutto con le termiti, è straordinaria e unica, in quanto non si conosce alcun altro mammifero in cui esista una vera differenziazione in caste, con un'unica regina che, finché vive, si occupa esclusivamente, e soltanto lei, della riproduzione di tutta la colonia.

Vediamo dunque come vivono questi incredibili ratti-talpa. Essendo abbastanza superficiali le gallerie scavate e poi percorse senza sosta da questi roditori, è per loro possibile mettere i loro gialli denti sulle tante radici e tuberi che incontrano nel loro interessato peregrinare. Quasi si trattasse di un pascolo sotterraneo, un mondo alla rovescia. E, già a questo punto, è possibile discriminare una prima casta, quella che gli studiosi chiamano dei «lavoratori», rappresentata da individui piccoli e sterili che scavano per tutti e per tutti procurano il nutrimento. Sono loro infatti che, indefessamente faticando, con ripetuti viaggi portano in profondità il cibo, laggiù in quegli inferi dove si trova il nido, e dentro a esso la regina, i giovani, i maschi fecondi. Dove anche si trovano, ma questi vanno un poco dappertutto, gli individui, sia maschi che femmine, della privilegiata casta dei «non lavoratori».

Esiste insomma, in quelle savane africane, un mondo sotterraneo e mammifero composto di tanta gente diversa che, oltretutto, diversamente si comporta. La regina, infatti, è assai longeva e prolifica, e per la decina d'anni della sua vita non fa che sfornare figli in quantità. Tre o quattro nidiate all'anno, composte ciascuna da un bel numero di pargoletti.

Quanto al destino di questi numerosi infanti, se saranno lavoratori oppure no – o, questo assai raramente, una regina – ciò è determinato dai messaggi chimici emessi da tutti gli abitanti la colonia con l'urina, anche se poi, quella della regina, sembra avere la massima importanza. Insomma, la colonia si mantiene sapientemente in equilibrio numerico saggiando, per via urinaria, ciò che serve produrre oppure no. E per facilitare la percezione dei messaggi esiste un luogo *ad hoc*, uno slargo all'interno d'una galleria profonda dove tutti i membri della colonia vanno a far pipì. Una sorta di gabinetto collettivo, a suo modo democratico (però con voti ponderati), che è la vera centrale di scambio di informazioni e di programmazione delle future generazioni.

Chiaro è che, in una situazione come questa, nessun individuo in quanto tale possiede la sapienza, con le relative istruzioni pratiche, per sopravvivere singolarmente. Non c'è davvero nessuna possibilità, e non solo per la stragrande maggioranza degli individui, che sono sterili, ma nemmeno per gli altri. Perché perfino la regina coi suoi maschi fecondi, senza gli altri faticatori sterili, ce la farebbe a stare al mondo. Solo la colonia, nella sua complessità, con le sue interne diversità, coi suoi periodici «referendum urinari», possiede l'intelligenza, che non può essere che collettiva, per poter perpetuare se stessa.

Segugi e lupi

Anche se ormai solo teoricamente, in una vera muta di segugi dovrebbero esserci il guidaiolo, il marcatore, l'accostatore, alcuni scovatori e infine l'inseguitore. Una muta di segugi non dovrebbe mai essere, come sanno i cinofili competenti di questa antica tribù canina, «un coacervo costituito da un'improvvisata accozzaglia di cani». Ogni individuo, al contrario, dovrebbe assumere, seguendo l'attitudine, un suo ruolo e una sua specialità. Quasi la muta fosse una sorta di macchina animata, una macchina che cerca e scova il selvatico. E comunica, anche, coi canettieri. La canizza, sempre gli intenditori sostengono, deve essere «musicale, armoniosa, martellante».

E sarà senz'altro così per chi ha vissuto certe esperienze venatorie. Oggi però che la caccia è piuttosto decaduta e che sempre più gente è propensa a parteggiare per la lepre, la canizza può suonare anche lugubre. Così almeno a me pare, quando d'autunno schioppettate e abbaiamenti mi sciupano il piacere di girare per boschi e per prati. Per non parlare dei

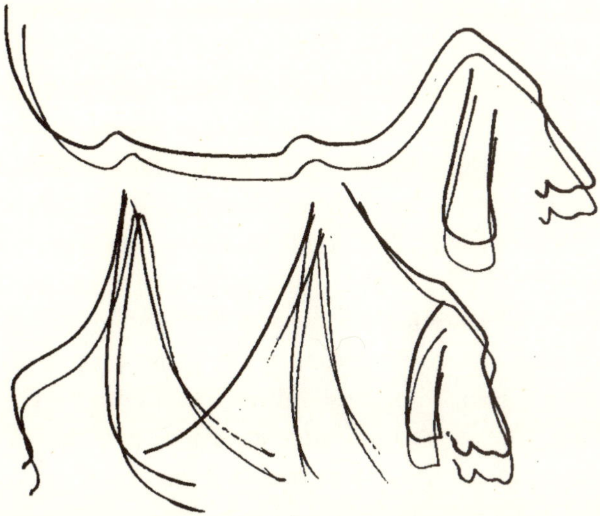

motivi etici, che mi fanno sembrare sempre più inaccettabile uno sport basato massimamente sulla sofferenza, seppure di gente non umana. Ed è proprio questo secondo il motivo principale della mia contrarietà.

Sarebbe sciocco, a ogni modo, disconoscere quanto ancora di meravigliosamente naturale si manifesti all'interno di una muta di segugi. E dico naturale perché quel funzionale gruppo di carnivori teso alla cattura della preda mantiene ancora, dentro di sé, l'intelligenza collettiva della muta originaria, quella dei lupi. O forse potrei dire che «è», quanto a intelligenza collettiva, la muta di lupi, seppure ormai al servizio dell'uomo. Il che, in un certo senso, aggiunge qualcosa invece di toglierla, perché quei segugi, oltre all'individuo alfa che sempre è presente all'interno d'ogni gruppo canino (o lupino), devono anche prestare attenzione e ubbidienza a uno o a più super-alfa esterni al gruppo, i padroni umani, i cosiddetti canettieri.

Certo il dolcissimo segugio non è più il lupo selvaggio – lunga è stata la strada da allora a oggi. Nella sua testa però si è mantenuta l'antica capacità di integrarsi, di cooperare. L'antica motivazione a unirsi ad altri per lavorare insieme.

La caccia, fortunatamente, è decaduta, e non c'è cacciatore che ormai non l'ammetta. Quanto ai segugi, depositari d'una caccia primitiva e complessa, la vera decadenza iniziò già secoli fa. Potrei dire, grosso modo, all'inizio del 1700. Il declino della nobiltà e il perfezionamento e la diffusione delle armi da fuoco ne furono tra le cause principali. Non potevano, infatti, i borghesi subentranti permettersi i maestri di caccia e le grandi mute che ogni nobile medievale, o del primo Rinascimento, manteneva. Non ne avevano, forse, nemmeno la mentalità.

Inoltre, in quei tempi antichi, funzione della muta era di portare la preda, ormai stremata, davanti ai cacciatori, che potessero finirla, praticamente ferma, con l'arco o la balestra. Il nuovissimo fucile, invece, consentiva di colpire la preda in movimento.

Così addio grandi mute, e con ciò addio a tutta, o quasi, quell'intelligenza collettiva. Oggi, bisogna dirlo, ancora si tenta, con prove di lavoro e con la selezione, di mantenere al bellissimo e nobile cane le antiche qualità, ma ciò è sempre più anacronistico.

Il mondo è cambiato e quella caccia (forse, speriamo, ogni caccia) è decisamente in via di estinzione. Così il più bel segugio, il più vero nel suo senso antico, vien proprio da pensare che sia ormai solo un'icona. Quella cui tutti gli appassionati fanno riferimento: il nobilissimo cane dalle lunghe orecchie raffigurato nel secentesco dipinto del Castello di Bosco d'Este.

Allevare i figli secondo natura (con un'anticipazione sulla nostra specie)

Per noi umani allevare i figli è un esercizio tutt'altro che facile. Lo sappiamo bene: nonostante tutta la nostra cultura, i risultati spesso non ci piacciono, e qualche volta, col senno di poi, li riteniamo fallimentari. Basta dare un'occhiata al nostro passato. Nel corso della sua storia l'umanità si è data tante regole tra loro diverse, perfino opposte, alcune che si potrebbero definire, ora che la natura la conosciamo un po' meglio, perfino contro natura. È chiaro che, pur senza riferirci a questi casi estremi, quanto a cure parentali noi umani abbiamo, scritte e dentro di noi, ben poche istruzioni sicure. Istruzioni istintive, intendo. E pensare che ci farebbe così comodo – se fosse possibile, ma scopriremo che non lo è – possedere quella sapienza innata che fa sì che gli animali conoscano così bene ciò che devono fare per allevare una prole sana e preparata ad affrontare la vita.

Fondamentalmente nella natura esistono due strade: o fare una quantità di figli e poi non occuparsene, o concentrarsi su una progenie scarsa e, per un periodo più o meno lungo, dipendente da uno o da tutti e due i genitori. Talora anche da altri parenti: fratelli, cugini, nonni, zie e zii. Al proposito è stato definito un concetto, quello di investimento parentale. Consiste in questo. Esistono specie, come l'aringa, dove ogni femmina produce decine di migliaia di uova, le lascia al loro destino e se anche solo un paio, dopo essere state fecondate, porteranno al formarsi di individui adulti, il risultato è raggiunto. L'equilibrio della specie è mantenuto. La strategia dell'aringa è quella del non curarsi, del suddividere l'investimento in moltissimi casi singoli mandati allo sbaraglio. Essere un uovo fecondato d'aringa è quasi come giocare all'enalotto: solo uno fra tanti ce fa.

C'è poi l'altra strada, che contempla attenzioni sempre più complesse, impegnative. Iniziamo dalla falena delle farine, *Ephestia kuhniella*, la cui unica cura consiste nello scegliere dove deporre le uova. Questa falena non sbaglia mai: il substrato deve essere ricco di amidi, siano castagne, granturco o frumento. È tutto ciò che serve perché le larve possano raggiungere la metamorfosi. Ma, già nell'ambito degli invertebrati, esistono cure ben più raffinate. Penso alle cure materne degli scorpioni. I piccoli, appena nati, si arrampicano l'uno dopo l'altro sul dorso della madre transitando lungo le sue chele, che sapientemente (la sapienza della specie) vengono tenute abbassate per facilitarne l'ascesa. Quindi gli scorpioni neonati, che per la cronaca sono bianchi candidi, si stringono tutti sul dorso, tenendosi aggrappati tenacemente con le loro zampette. Se, per un qualche accidente, uno scorpioncino cade dalla sua materna cavalcatura, questa gli porge una chela per aiutarne la risalita.

Fin qui è istinto puro, ma non sempre è così. Un caso istruttivo è quello della gatta (e, con varianti, degli altri felini) che insegna ai figli a predare. Sono lezioni istintivamente programmate. Nella prima la gatta porta una preda morta (un topo, un uccellino) e la mangia in presenza dei figli. Nella seconda lezione consente ai figli di partecipare al banchetto e di giocare con la preda morta. Nella terza viene offerta una preda viva, seppure tramortita. La gatta segue attenta il comportamento dei figli e può anche, se è il caso, sollecitarne l'attenzione con miagolii e intervenire perché tutto vada a buon fine. La funzione dell'insegnamento è quella di evocare la comparsa di azioni che in realtà sono istintive, ma che solo così possono organizzarsi in un comportamento mirato. Parallelamente i gattini apprendono le caratteristiche delle prede. Una miscela di istinto e apprendimento su cui gli studiosi hanno discusso parecchio, come si può bene immaginare.

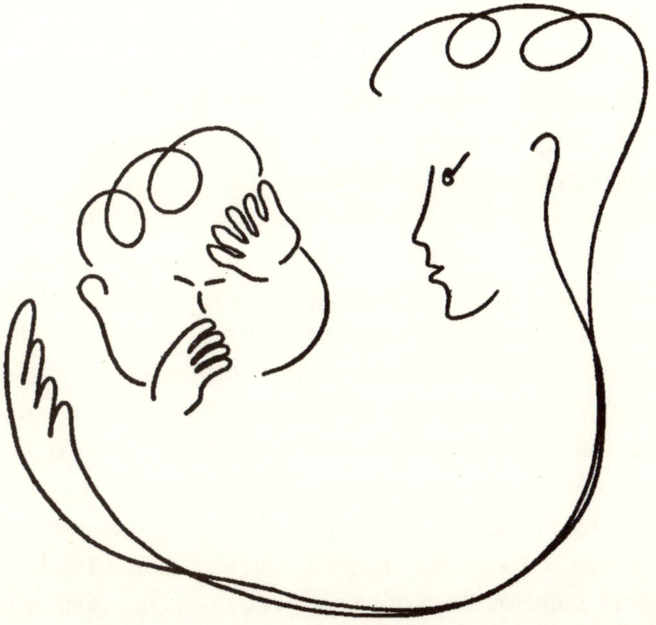

È soprattutto nei primati che compare qualcosa di più: un poco di cultura. In certi casi, anzi, tutt'altro che poca. Già nei macachi giapponesi i giovani, imitando gli adulti, apprendono tanti trucchetti su come e cosa mangiare, sul come comportarsi e così via, ma è negli scimpanzé dove i giovani devono fare un vero apprendistato che può anche comportare l'uso di differenti arnesi. Esiste, per esempio, una popolazione dove c'è l'abitudine di «pescare» le termiti usando un bastoncino appositamente preparato. I giovani osservano con grande interesse gli adulti che sapientemente infilano, con mano ferma, il fuscello in un'apertura del termitaio, che aspettano un po', che infine ritraggono l'arnese ricoperto di termiti. Non è un lavoro da poco, occorre acquisire manualità. I giovani si esercitano, per loro è come un gioco. E infine, un po' per volta, acquisiscono quella speciale abilità.

Insomma, nelle altre specie c'è tanto istinto e, talora, un pizzico, o talora un po' di più, di cultura. In generale però la sapienza è più istintiva che non appresa. È perciò che tutto funziona sempre alla perfezione.

Per tornare alla nostra specie, c'è da dire che le istruzioni di origine culturale per l'allevamento della prole non solo hanno scavalcato, necessariamente eliminandola, l'antica sapienza degli istinti, ma hanno preso strade diverse scollandosi spesso da quelle indicazioni che avrebbe potuto suggerire la semplice osservazione dei comportamenti. Basta pensare ai bambini che, fino a non molto tempo fa, per tutto il primo anno venivano fasciati come mummie; basta ricordare le istruzioni date alle giovani coppie. Il neonato doveva dormire da solo, e se strillava bisognava lasciarlo fare. Prenderlo in braccio, come quella motivazione che mai ci ha abbandonato spingeva a fare, significava «viziarlo». Eppure – ora sappiamo – quel pianto altro non era che una richiesta di aiuto, naturale, in quanto adattativa, per ogni cucciolo che si sente abbandonato. Ora, se non altro, non è più così, ma anche oggi i bambini non sono allevati bene. Se così fosse, non ce ne sarebbero tanti affetti da disturbi psichici. Disturbi del sonno (incubi o paura di addormentarsi), dell'alimentazione (anoressia o bulimia), dell'apprendimento. Oppure enuresi, iperattività, stereotipie.

Il fatto è che i bambini, come tutti i cuccioli, hanno attese biologiche che non possono impunemente venire deluse. Si è molto parlato di periodi sensibili che cadenzano lo sviluppo intellettivo, sociale e affettivo umano. Anche se ora l'idea di periodi omologhi all'*imprinting* classico è un po' decaduta, o almeno si è sfumata, resta pur sempre il fatto che i bambini dovrebbero passare attraverso esperienze sociali che nelle grandi linee sono biologicamente programmate. Perché ciò avvenga devono crescere entro gruppi familiari stabili e molto presenti, fisicamente e soprattutto affettivamente. Che poi questi gruppi siano monogamici, poligamici o ancora più complessi e allargati, poco importa. E i bambini devono fare, all'interno di questi gruppi, esperienze ludiche, esploratorie, acquisire pian piano sicurezza e autonomia. Apprendere individualmente e socialmente. Tutto ciò avviene nelle popolazioni più primitive, dove la madre e il padre sono genitori attenti e partecipativi, dove ogni bambino dispone di molti contatti corporei, dove la didattica è ancora una cura parentale, al più utilmente integrata dall'apporto di altri membri del gruppo (altro che maestro unico!). Ma che succede nel mondo ritenuto progredito?

Ed è giusto – come purtroppo avviene – occuparsi quasi esclusivamente di curare, a posteriori, le crescenti patologie comportamentali e non di sforzarsi per cambiare, a priori, lo stile di vita che le provoca? Certo è più semplice, forse (nonostante tutto) meno costoso. Il problema è che nelle culture cosiddette avanzate la moderna gerarchia dei valori è tale per cui altre attività prevaricano il valore primario delle cure parentali. Possibile che occorra l'antica cultura naturalistica per comprendere tutto ciò? Dovrebbe essere ovvio ma purtroppo non lo è per niente che non basta, i bambini, rimpinzarli di merendine e poi sbatterli, abbandonati a se stessi, davanti al televisore.

Pensare che, molto probabilmente, qualcosa al proposito l'aveva già intuito Francesco Bacone (1561-1626), che scrisse queste sagge parole: «Non possiamo comandare sulla natura se non obbedendole».

Altruismi

Il caso della muta di lupi, dove vari individui, con funzioni diverse, collaborano per raggiungere uno scopo, è, tutto sommato, la forma più semplice e comprensibile di altruismo, perché in realtà lavorando insieme tutti un po' ci guadagnano. Il caso è detto mutualismo, e tra i tanti altri esempi ne scelgo solo un altro. Quello delle ballerine (*Motacilla alba*) che durante il periodo invernale difendono un territorio in cui rinvengono la totalità dei loro alimenti. Un territorio trofico, insomma. Ebbene, frequentemente due individui si mettono in società nella difesa territoriale, e siccome in questo caso il territorio è di maggiori dimensioni, e il tempo speso individualmente in attività di difesa è inferiore, risulta che tutti e due qualcosa ci guadagnano. Il comportamento cooperativo, in definitiva, è vantaggioso semplicemente perché i singoli individui traggono un simultaneo vantaggio nell'agire così.

Più complessi, invece, sono i casi in cui non esiste simultaneità tra il dare e il ricevere. Ed è appunto per ciò che, per comprendere come funzionano questi casi, occorrono studi ben più raffinati, e anche grafici che, al termine di lunghe osservazioni, ci sintetizzino situazioni altrimenti difficilmente comprensibili.

E, a proposito di grafici, voglio parlare di uno che è bello ed esplicativo ben più di mille parole. L'ha costruito, faticando non poco, P.D. Moehlman, che per anni studiò il comportamento dell'africano sciacallo dalla gualdrappa. Un bell'animale dai colori vivaci la cui diffusione si estende dalla Somalia, la Nubia e le altre regioni del Sudan fino alla Provincia del Capo. Un animale strettamente monogamo. Maschio e femmina, infatti, sono legati da profondi vincoli affettivi e cooperano, un anno dopo l'altro, a tirar su le nidiate. La femmina, che deve allattare, naturalmente passa più tempo al nido, che è poi una tana sotterranea. Il maschio invece soprattutto preda e, già dalla terza settimana di vita dei cuccioli, rigurgita loro buona parte delle prede, parzialmente digerite.

Spesso, però, altri personaggi partecipano alle cure parentali: i cosiddetti aiutanti. Sono questi altri sciacalli, adulti o quasi, che girano intorno alla coppia, con la quale hanno rapporti di amicizia, e che abitualmente portano, anche loro rigurgitandolo, cibo alla cucciolata. Ma non è tutto: gli aiutanti si danno anche da fare nella difesa del territorio scacciando altri sciacalli estranei e, se si presenta l'occasione, difendono direttamente i cuccioli dai predatori che solitamente sono iene macchiate.

È così venuto il momento di parlare del grafico, che rappresenta la relazione esistente tra numero di aiutanti e numero di giovani allevati dalle coppie. Il grafico parla da sé: tanto più numerosi sono gli aiutanti, tanto più numerosi sono i cuccioli che raggiungono lo svezzamento. Insomma, per venire al concreto, una femmina partorisce di solito da sei a nove cuccioli, ma solo alcuni sopravvivono. Se la coppia deve fare tutto da sola più che uno o due cuccioli non ce la fa ad allevarli; se accanto ai genitori invece gravita qualche aiutante, ecco che il numero dei cuccioli lievita anche fino a cinque o sei.

Come si spiega, però, questo altruismo degli aiutanti, in un'ottica evolutiva? Perché questo loro darsi da fare per una progenie che non è la loro? La risposta sta nel fatto che, tra gli sciacalli dalla gualdrappa, gli aiutanti sono degli zii scapoli, o delle zie nubili. Sono insomma parenti stretti della nidiata da tirar su, e questo della parentela è un fatto essenziale per la comprensione sociobiologica di questa forma di altruismo.

Si tratta, infatti, di un caso di «selezione tramite consanguinei» (*kin selection*). Aiutando un parente gli zii sciacalli non fanno altro che favorire il successo di buona parte dei loro stessi geni. Niente di nuovo sotto il sole, dunque: cambiano le parole ma non si tratta d'altro che del ben noto, vecchio e collaudato (anche se nella nostra ottica spesso vituperato) nepotismo.

Già, è vero, il favorire i parenti noi esseri umani lo conosciamo bene, e non è che ci piaccia sempre molto, anche se indefessamente lo pratichiamo. In un'ottica evolutiva, a ogni modo, questo tipo d'altruismo naturale ha insegnato ai biologi, in specie agli studiosi di genetica e di evoluzione, che per un individuo è possibile far sopravvivere nel tempo, nelle generazioni a venire, geni uguali ai propri anche senza riprodursi direttamente. Il che, in ultima analisi, permette anche di comprendere l'esistenza e la permanenza, una generazione dopo l'altra, delle caste sterili di api, formiche e anche dei ratti-talpa. Aiutare un parente, in fin dei conti, è un po' come riprodursi trasversalmente. Ed è proprio quello che fanno le api operaie quando si sacrificano per sorelle e sorellastre invece che per ipotetici figli che, essendo sterili, non possono avere.

Quello «tramite consanguinei», a ogni modo, non è l'unico caso di altruismo evidenziabile in natura. Un altro caso assai interessante è quello dell'«altruismo reciproco», dove cioè un individuo fa un favore a qualcun altro, che non necessariamente deve essere suo parente. In questo caso, però, la gentilezza deve essere reciprocata. Il che, badate bene, è assai diverso dal caso, di cui ho detto a proposito dei lupi e dei segugi, del mutualismo. Perché nell'altruismo reciproco la contemporaneità non è contemplata. Chiaro dunque che, perché quest'altruismo dilazionato funzioni, occorre che sia reciproco davvero, che cioè colui che riceve l'atto sia una «una brava persona» e non un «imbroglione». La domanda, pertanto, è: sanno, gli altruisti, riconoscere e schivare gli imbroglioni?

Non si ha ancora, al proposito, una risposta definitiva e soprattutto generale, ma qualche osservazione significativa è stata fatta, per esempio con il pipistrello vampiro *Desmodus rotundus*, animale intelligente, di vita lunga e di ottima memoria. Ebbene, se qualcuno di questi chirotteri non ce l'ha fatta a rimpinzarsi di sangue in modo autonomo, sapete cosa fa? Mette a fuoco, tra gli individui del suo gruppo, qualcuno che sicuramente ha fatto un lauto pasto (glielo suggerisce la sua silhouette piuttosto tondeggiante) e gli chiede, via bocca a bocca, di travasargli un po' di sangue. Il che può avvenire oppure no, ma se avviene è perché l'altruista sa, per personale esperienza, che il ricevente è una «brava persona». Altrimenti niente da fare.

Tutto ciò è descritto, insieme a tante altre osservazioni, in un lavoro ormai storico pubblicato su *Nature* da Gerald S. Wilkinson dell'Università della California a San Diego e intitolato «Reciprocal food sharing in the vampire bat».

L'abitudine di scambiarsi cibo da bocca a bocca è frequente tra gli insetti sociali e si chiama trofallassi. Anche questa dei vampiri, volendo, potrebbe essere considerata una sorta di trofallassi, una delle tante analogie frequenti nel regno animale. Nei vampiri questo passaggio di cibo, che poi sarebbe sangue, è in origine una cura parentale. È la madre che, sollecitata dal figlio, gli passa un po' di quel sangue che, via via, sostituirà il latte materno. Ed è anche interessante che quelle «brave persone» che chiedono un po' di sangue attuano le stesse movenze dei giovani che chiedono cibo alla madre, e questo fenomeno viene detto – ma ne abbiamo già parlato – mimetismo intraspecifico.

Tornando comunque al nostro problema di partenza, è chiaro che, perché l'altruismo rivolto questa volta «alle brave persone» possa funzionare, occorre che la specie in questo modo altruista possieda una bella mente, una bella memoria e, infine, una speciale attitudine a riconoscere i singoli individui attribuendo loro i pregi e i difetti che li contraddistinguono. E tutto ciò, sicuramente, sia i pipistrelli vampiri che molte altre specie praticanti l'altruismo reciproco lo sanno benissimo fare.

Ecco dunque come, nelle società animali più complesse e raffinate, è l'intelligenza collettiva, e cioè la sommatoria delle sapienze individuali, innate o apprese che siano, che fa funzionare, a tutti i livelli, tra i singoli individui e nelle popolazioni, la macchina della sopravvivenza, del benessere, degli equilibri.

I succhiasangue, quando una ciliegia tira l'altra

Una ciliegia tira l'altra, si dice così quando un'associazione di idee ci fa slittare, più o meno inconsciamente, da un argomento all'altro. Trovandoci alla fine un po' spiazzati, perché si voleva parlare di qualcosa e invece, per colpa di quella maledetta (o benedetta) associazione, si finisce col parlare di tutt'altro.

Tutto normale, se si fan quattro chiacchiere tra amici, ma poiché questo saggio, in fin dei conti, anche questo vorrebbe essere, ho deciso di dar retta alle ciliegie (più d'una, come vedrete) che mi sono spuntate nella mente. Il problema, semmai, potrebbe stare nell'uso della parola «saggio», ma questo, sinceramente, non mi sembra davvero un gran problema.

Fatto sta che, parlandovi, per via dell'intelligenza collettiva e poi dell'altruismo reciproco, dei miei amati *Desmodus rotundus*, mi sono trovato a inciampare in alcune ciliegine irresistibili. Vi invito dunque a una sorta di vacanza che spenderemo insieme, noi e i vampiri, nei territori dell'evoluzione. E se il racconto sarà un poco fuori tema, portate pazienza perché questa storia di vampiri e di altri succhiasangue è troppo interessante e non resisto proprio a non raccontarla.

E allora eccola qua, la storia.

La prima ciliegina che i miei *Desmodus* m'hanno messo in testa riguarda la svolta che certi pipistrelli fecero, tantissimo tempo fa, evolvendo da entomofagi in ematofagi. Certi miei colleghi chirotterologi proposero un'ipotesi che, oltre che affascinante, mi sembra davvero verosimile. Essi pensarono che a determinare la storica virata che produsse i primi vampiri della storia naturale sia stata l'abitudine che i pipistrelli hanno di nutrirsi non solo mentre volano, ma di inseguire gli insetti anche sul terreno. Saltellando goffamente, con quell'andatura claudicante che la loro strana struttura consente. E dovreste vedere l'effetto che fanno.

Questa predazione inconsueta è osservabile, seppure raramente, anche in natura, ma se poi i pipistrelli sono tenuti in cattività, è addirittura facile abituarli a mangiare larve di tenebrionidi *et similia* piazzate dentro un apposito contenitore poggiato sul fondo della loro voliera.

Esistono poi certe specie, ancor più interessanti, che volano preferenzialmente intorno alle mandrie di grandi erbivori, quasi una riserva di caccia per chi si nutre di mosche e affini (di giorno le rondini, di notte i pipistrelli). E tra queste, infine, ve ne sono alcune che si sono specializzate addirittura nell'atterraggio su questi erbivori pascolanti dedicandosi poi a proficue battute di caccia e di raccolta, tra pelo e pelo, dei parassiti esterni, quali zecche, pidocchi e così via. Organizzando i casi descritti così come ho fatto, ecco allora che l'ipotesi iniziale sembra ancor più verosimile. Il vampirismo sarebbe dunque nato, e mettiamoci un prudenziale forse, quando, per la scoperta casuale di una piccola e preesistente ferita, qualcuno di questi pipistrelli predatori di parassiti esterni si rese conto che, sotto la superficie del suo vivente terreno di caccia, si nascondeva un preziosissimo tesoro. Fluiva cioè l'«oro rosso».

È suggestivo costruire ipotesi, e ancor più suggestivo è se queste trovano supporto in qualcosa d'analogo. In qualcosa, però, che questa volta sappiamo con certezza essere avvenuto. Eccovi allora una storia ancor più straordinaria. Quella dei fringuelli vampiri delle Galapagos.

L'ambiente, in questa nuova avventura evolutiva, è rappresentato dall'isola di Wenman, la più settentrionale di tutto l'arcipelago, nonché la più solitaria. Esiste, in quest'isola sperduta, il fringuello *Geospiza difficilis*, che ha appreso, per certe strane coincidenze, a nutrirsi di sangue. È avvenuto così, e questa volta lo sappiamo esattamente perché si tratta di un evento di poche decine d'anni fa. Alcuni fringuelli, nell'attuare il loro abituale comportamento di posarsi sopra le sule, che sono grandi uccelli marini, per catturare insetti parassiti, scoprirono, probabilmente anch'essi per caso, che rompendo accidentalmente col becco un vaso superficiale alla base delle penne dell'ala (remiganti) o della coda (timoniere), potevano poi nutrirsi del sangue che da quelle piccole ferite per un poco sgorgava. Divenne così tradizione locale di quei fringuelli, divenuti così culturalmente vampiri, rompere col becco uno di questi vasi e poi nutrirsi del sangue di quei disgraziati, e pazienti, uccelli marini. Una tradizione che ormai distingue i fringuelli di Wenman da quelli di tutte le altre isole dell'arcipelago.

Una straordinaria convergenza evolutiva tra biologia e cultura, quella esistente tra pipistrelli vampiri e fringuelli anch'essi vampiri. E un fenomeno suscitatore d'altri pensieri (ciliegia numero due), come per esempio che, in casi così, il comportamento precederebbe, in senso evolutivo, gli adattamenti organici. Il comportamento appreso, inoltre, precederebbe quello istintivo, e quanto a questo non è difficile immaginarsi come. Se infatti la tradizione rimane vantaggiosa per un tempo sufficiente, si può immaginare che ogni mutazione genetica che le si sovrappone (scrivendo cioè la stessa abitudine nel Dna, invece che nella memoria collettiva) verrebbe sempre selezionata a favore.

Quanto agli adattamenti organici, che sono tanti, voglio ricordare (ciliegia numero tre) un altro succhiasangue, e cioè la sanguisuga, che è un anellide ben noto al grande pubblico perché, fino a non molto tempo fa, veniva usato per fare i salassi. Ancora mi ricordo che, saranno passati una cinquantina d'anni, forse anche meno, nelle farmacie venivano vendute, appunto per questo scopo, le sanguisughe, e spesso erano esposte in vetrina in vasi di vetro pieni di acqua.

Ebbene, queste sanguisughe, che a digiuno apparivano filiformi, quando potevano suggere il sangue si gonfiavano fino a divenire dei veri e propri palloncini. Ciò perché il loro intestino aveva evoluto una gran quantità di appendici laterali che potevano anch'esse riempirsi di sangue. E la loro funzione era evidente: non essendo infatti facile mettere i denti (i loro strani denti da anellidi, accompagnati da ghiandole secernenti un anticoagulante) su una qualche preda, tanto valeva, quando ci riuscivano, approfittarne «strafogandosene», come giovanilmente dicono i miei studenti. E sapete perché il vampiro vero si chiama, come nome specifico, *rotundus*? Be', esattamente per lo stesso motivo. Perché anche lui, appena può, si «strafoga» fino a diventare una sorta di pallone ambulante, e, pensate un po' la meraviglia delle convergenze, anche lui possiede tante e capienti appendici intestinali.

Ma non è finita qui (una ciliegia ne tira sempre un'altra). Torno allora sull'abitudine dei pipistrelli vampiri di seguire le mandrie di bovini pascolanti per poi suggerne il sangue. Va così a finire che ogni comunità di vampiri considera la sua mandria come una sorta di territorio di gruppo, che segue nel suo vagabondare, così come fanno gli allevatori di renne coi loro migranti animali. Si tratta, in ogni caso, di un territorio assai speciale non solo per la sua mobilità, difeso strenuamente se vampiri estranei tentano di approfittarne, ma perché forse, in questo comportamento che non è più la difesa di un'area fisica, ma invece di un gruppo ben definito di animali, c'è un *quid* che potrebbe perfino far intravvedere l'idea suggestiva di uno slittamento dal territorialismo classico al primitivo sorgere di quello che noi umani consideriamo il «senso della proprietà».

Che esista dunque una parentela tra questi due fenomeni? Bella domanda. E a dar forza a questa intuizione c'è un altro caso singolare, quello del territorialismo invernale delle cesene, il cui nome scientifico è *Turdus viscivorus*, che significa tordo che si nutre di vischio. Le cesene, infatti, nutrendosi preferenzialmente di questa pianta, sono fondamentali per la sua propagazione.

A ogni modo, per venire al punto, d'inverno la maggioranza delle tordele si riunisce in grandi stormi migranti o comunque erranti, mentre una minoranza se ne resta fissa, dall'autunno alla primavera, in territori trofici individuali, entro i cui confini si trovano piante e cespugli ricchi di bacche e frutti. Ovviamente di vischio, ma anche di agrifoglio, di biancospino, di spino cervino.

Ed eccola allora, la tordela solitaria e territoriale, che se ne sta attenta di guardia alle sue piante, spesso tenendosi in disparte su un luogo rilevato, pronta a scacciar via i ladri potenziali. E questi son anche tordi di altre specie, oppure pettirossi e ciuffolotti, e perfino uccelli grandi come i colombacci. Gli storni, invece, che non si nutrono dei frutti difesi, vengono sapientemente ignorati. E già questo è notevole.

Pure speciale è il caso della capinera, che viene sì scacciata ma che, fattasi con l'esperienza furba, sa ritornare sgattaiolando furtiva tra il fogliame. E così può, non vista, rubare indisturbata.

Ma ciò che maggiormente ci interessa, per l'analogia col «territorio vagante» dei pipistrelli vampiri, è che si è rilevato che la tordela, in realtà, non sta a difendere il suo territorio nel suo complesso, cioè così come sarebbe definito dai suoi confini, ma è invece interessata esclusivamente a fare la guardia, e a difendere, le piante che ancora portano la «roba». E forse anche questo è un suggestivo slittamento (o una mirata correzione) dall'istinto primordiale e atavico del territorialistico al ben più definito «senso del possesso» di cose di valore.

Giunto al termine di questo capitolo un po' strano, scritto soprattutto perché volevo farvi partecipare a storie curiose e interessanti, mi chiedo se effettivamente io sia andato davvero fuori tema oppure no. Con la panoramica di comportamenti sapienti di singoli individui, che poi si assommano a formare l'intelligenza collettiva delle singole specie, che infine interagiscono calibrandosi l'un l'altra, credo infatti di avervi offerto, travalicando il puro fatto etologico, l'idea ecologica di come funziona la biodiversità. Che altro non è che l'equilibrio raffinato tra tante e diverse intelligenze tra loro collaboranti o contrapposte.

TERZA PARTE

Cultura, capacità cognitive e altro ancora

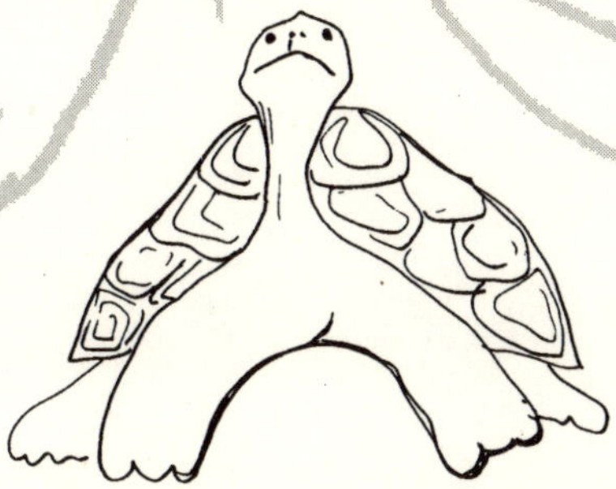

L'esempio più eclatante e rivoluzionario, nella storia della vita, del sommarsi dei saperi degli individui, si realizza col fenomeno della produzione di cultura. Rivoluzionario perché ha dato origine a un'evoluzione parallela a quella biologica: l'evoluzione culturale. Evoluzione che noi umani spesso identifichiamo, dandone una connotazione positiva, con la parola progresso.

I nostri stili di vita, i nostri modi di pensare, i nostri atteggiamenti etici, cambiano infatti continuamente per la continua e crescente produzione di nuova conoscenza. Questa, anche se poi non appartiene, nel senso più profondo, a tutti gli individui, è comunque più o meno fruibile da tutti. Più o meno tutti influenza.

Occorre innanzitutto affermare che cultura e progresso non sono mai fenomeni staccati e indipendenti dalla nostra natura biologica. Sono invece il prodotto di speciali qualità della nostra biologia, prima fra tutte quella di saper trasmettere l'appreso. In altre parole, non è più indispensabile, per noi esseri umani, ripartire sempre da zero, quanto a conoscenze, per poi acquisirle attraverso la trafila, non raramente lunga e potenzialmente pericolosa, dei personali tentativi ed errori. Noi abbiamo la scuola e l'insegnamento, intesi nel senso più lato perché i maestri possono essere gli individui più diversi. Ciò che importa è che noi sappiamo accumulare informazioni che altri, e non noi, hanno scoperto. E in realtà, se ci pensate bene, ormai il nostro sapere viene giù praticamente tutto, o quasi tutto, da questo nostro saper apprendere socialmente. Dove esiste un individuo che possiede una nozione, e questa viene trasmessa ad altri individui che prima non ne erano in possesso. Un'eredità non direttamente genetica che sempre più condiziona e caratterizza la nostra vita. Noi viviamo all'interno di una ormai sconvolgente, quanto a rapidità, evoluzione culturale. E tutto ciò perché possediamo una mente che si è evoluta proprio per questo. Una mente raffinata, capace di fabbricare simboli, di cui è infarcito il nostro linguaggio verbale (mentre quello non-verbale – l'espressione delle emozioni – è quasi compiutamente istintivo). Capace di trasmettere e percepire concetti astratti e regole e non solo passare informazioni e nuove abitudini attraverso l'esemplificazione e l'imitazione.

Ebbene, questo saper trasmettere l'appreso (che pertanto non è più fine a se stesso) non è un'esclusiva della nostra specie, anche se l'uomo, in verità, è l'unico essere, almeno tra i viventi, che si è specializzato per essere un animale culturale. Fino, io temo, a esserlo fin troppo, e cioè in modo sbilanciato, avendo dovuto necessariamente, per lasciar spazio alla cultura, perdere buona parte della sapienza della specie.

Il saper trasmettere socialmente l'appreso non è però uno specifico umano perché anche altre specie, tra loro assai diverse, hanno evoluto capacità culturali e mentali, seguendo tragitti evolutivi parzialmente o totalmente distinti dal nostro.

Le ricerche sulle capacità culturali di altre specie, e sull'evolversi di altre menti, hanno portato un contributo conoscitivo sicuramente fondamentale per una compiuta comprensione di quelli che, in origine, sono stati i significati adattativi di tutti i fenomeni culturali. Per la comprensione, inoltre, che anche la cultura, in qualunque forma essa si manifesti, altro non è che un riflesso della biologia.

La cultura dei topi

Per quanto tempo è durata l'idea della natura separata, totalmente indipendente, dalla cultura? E poi, diciamocelo, quest'idea è davvero dura a morire, e chissà per quanto tempo ancora rimarrà radicata nella mente della maggior parte di noi, anche se ormai il modo di pensare, almeno nell'ambiente scientifico, è cambiato. Tant'è che oggi la capacità di produrre e trasmettere cultura non è più ritenuta uno specifico umano, ma di molte altre specie tra loro assai diverse. E in ogni caso si è trattato di scoperte non solo di grande interesse, ma soprattutto utili per comprendere i determinanti genetici e i primitivi significati adattativi del saper trasmettere abitudini di vario tipo mediante svariate forme di apprendimento sociale. Dove cioè, per intenderci, un individuo possiede un qualche tipo di informazione e questa viene poi passata, per via non genetica, a un altro individuo. La cultura, insomma, intesa nel suo originario significato di fenomeno naturale, aperto a semplici interpretazioni di ordine adattativo.

Fenomeni semplici, la maggior parte delle culture non umane (a parte forse quelle degli scimpanzé di cui dirò), ma che si fondano sullo stesso principio generale di trasmissione proprio della cultura umana.

Personalmente, ho studiato molto il comportamento dei topi, animali che, lasciando perdere la loro fama non proprio eccellente, sono interessanti per vari motivi e, oltretutto, da me amatissimi. Le mie prime ricerche sulla cultura murina hanno riguardato l'imprinting e avevano un bersaglio ben preciso: studiare se questa forma di apprendimento sociale così particolare potesse avere qualche influenza nel determinare le preferenze sessuali all'interno della specie.

Devo dire che il motivo che inizialmente mi spinse a scegliere questa specie straordinaria fu il fatto che si trattava di un animale che poteva essere allevato in grandi numeri, che era altamente sociale e che aveva un elevato ritmo riproduttivo. Dopo soltanto qualche mese dalla nascita un topo è infatti adulto e si riproduce con nidiate che si susseguono al ritmo di una al mese e che possono contenere perfino una decina di fratellini per volta. Il mio amore per la statistica e per la genetica poteva ben essere soddisfatto da queste qualità, ma ho trovato molto di più nel piccolo, affascinante roditore.

Fui fortunato: il mio amico Riccardo Milani, che allora – erano gli anni Sessanta – era professore di zoologia all'Università di Pavia, manteneva in allevamento da tanto tempo una colonia di topolini provenienti dalla Cina. Li aveva portati da quel lontano paese alcuni decenni prima il suo maestro Carlo Jucci, che era stato laggiù per studiare la genetica dei bachi da seta. E Milani mi regalò un po' di quei topi, che appartenevano a una sottospecie diversa (*Mus musculus bactrianus*) rispetto ai nostri topolini occidentali (che allora si chiamavano *Mus musculus domesticus*, ma oggi chissà come si chiamano, perché purtroppo la sistematica a volte non è conservativa come dovrebbe). A ogni modo ebbi così a disposizione topolini orientali e occidentali, diversi sì, ma pur sempre conspecifici, e fu con questi che feci i primi esperimenti. Tralascio la complessa metodologia che mi toccò inventare per evidenziare il fenomeno, ciò che scoprii

fu che effettivamente questi topolini, dovendo scegliere tra due individui del sesso opposto, uno di una sottospecie e uno dell'altra, non sceglievano avendo come punto di riferimento se stessi, ma la sottospecie che li aveva allevati. Un esempio per tutti: se un topolino occidentale poteva accoppiarsi, a scelta, con una femmina occidentale oppure con una orientale, sceglieva l'occidentale se era stato allevato dai suoi genitori veri, ma sceglieva l'orientale se aveva avuto genitori adottivi orientali. Era, insomma, l'esperienza precoce a indirizzare le sue preferenze sessuali.

Questo fu solo l'inizio, e non riuscii nemmeno a fare tanti esperimenti di questo tipo, perché i topolini orientali erano delicatissimi e si ammalavano subito se venivano a contatto, com'era necessario, con i più robusti occidentali. Fu allora indispensabile, per così dire, abbassare il tiro: invece di studiare le scelte tra le sottospecie, decisi di usare differenti razze della medesima sottospecie occidentale. E fu una sorpresa. Anche in questo caso i topolini erano influenzati dall'imprinting, ma la situazione era completamente rovesciata, perché, quando le differenze sono piccole, com'è nel caso di razze della stessa sottospecie, i topolini preferiscono accoppiarsi con chi è da loro diverso. E anche in questo caso occorre intendersi: non il diverso dal sé, perché non è questo il punto di riferimento; diverso da chi li ha allevati, perché è l'imprinting che comanda.

Il meccanismo naturale delle preferenze sessuali dei topi, in altre parole, è quello di scegliere partner diversi dai propri genitori. La maggior parte degli accoppiamenti, insomma, non avviene tra parenti stretti.

Mi sono fin troppo dilungato sulla cultura, maledettamente ma utilmente conservativa, dell'imprinting. Lascio così questa forma di apprendimento, ma non abbandono il topo. È lui infatti uno dei protagonisti delle vere culture, quelle così esplosive, così velocemente trasmesse da essere definite «bollenti».

Occorre innanzitutto dire che il topolino delle case ha un carattere veramente opportunista. Se non lo fosse, non sarebbe diventato cosmopolita. Infatti il topolino delle case, seguendo l'uomo, ha praticamente conquistato il mondo. Il suo caso si chiama inquilinismo, nel senso che non è divenuto domestico, e cioè «al servizio dell'uomo», ma semplicemente inquilino, sempre indesiderato, spesso in parte occulto, ma comunque presente. È salito come clandestino sulle navi, nascosto tra le derrate alimentari, e ha saputo fare un po' di tutto, schivare pericoli diversi, mangiare quel che gli capitava, risolvere i problemi più disparati, trovare il modo di sopportare il caldo e il freddo. Ecco l'opportunismo del topo: lui, se appena intravvede una possibilità, state sicuri che la coglie al volo.

E qui dovrei iniziare a parlare delle sue culture bollenti, ma permettetemi, perché è davvero interessante, fare (come nei romanzi ottocenteschi o nel flash back cinematografico) un passo indietro. Ho detto, parlando del suo imprinting, che il topo (soprattutto la femmina) manifesta forte la preferenza ad accoppiarsi con maschi diversi dai genitori, e che per far ciò, cioè per discriminare il parente dall'estraneo, prende l'informazione dall'esperienza precoce. Questa tendenza all'eterogamia la femmina la persegue fortemente, perfino autoprovocandosi un aborto precoce se le capita di essere fecondata da un maschio del suo gruppo e, in un secondo tempo (entro cinque giorni dall'incidente), incontra un maschio estraneo. Il fenomeno si chiama blocco esterocettivo della gravidanza: è stato dimostrato che è sufficiente che la femmina da poco ingravidata venga a contatto con l'odore di un maschio estraneo perché il blocco avvenga. A ogni modo, ciò che mi interessa sottolineare, è che alla specie topo non conviene, evidentemente, la cosiddetta purezza della razza. Mescolare i genotipi con accoppiamenti tra diversi è infatti utile per fabbricare popolazioni dove alta è la diversità tra gli individui; tale pratica, inoltre, impedisce che, in luoghi diversi, si specializzino popolazioni isolate con sapienze genetiche, cioè istintive, locali. No, il topo è, per vocazione, un esploratore e un colonizzatore. A lui va bene il proverbio «tante teste, tante idee».

Questa è la piattaforma di partenza dell'opportunismo del topo, insieme col fare tanti figli perché (almeno) pochi sopravvivano, insieme con una forte tendenza alla curiosità e all'esplorazione. Poi c'è il fatto centrale, che è la capacità di apprendimento sociale. In altre parole: il topo, se si trova a contatto con un individuo che sta risolvendo un problema di cui lui ignora la soluzione, è poi in grado, senza passare attraverso la lenta, non raramente pericolosa, trafila dei tentativi e degli errori, di risolvere subito lo stesso problema, facendo propria la soluzione del dimostratore. Classico caso di trasmissione culturale. Ciò che è peculiare del topo (e di tanti altri animali opportunisti) è la totale mancanza di condizioni vincolanti il passaggio dell'informazione. Tutto il contrario dell'imprinting, dunque, che è fortemente vincolato dal cosiddetto «periodo sensibile» e dall'irreversibilità di ciò che si è appreso.

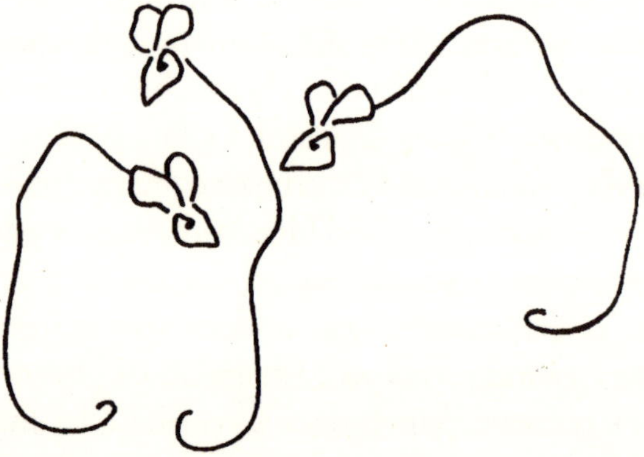

Ed è proprio la mancanza di vincoli, o di regole, che rende così veloce e innovativa la cultura del topo. Ma è proprio questo che gli serve. Immaginiamo un gruppetto di questi roditori che penetra, nella sua opera colonizzante, in un ambiente nuovo. Fondamentale è, come ho già scritto, che ci siano «tante teste, tante idee» (la biodiversità intraspecifica), perché poi è sufficiente che almeno uno abbia l'idea giusta per risolvere un qualche problema che, inevitabilmente, può prospettarsi, e subito tutti gli altri lo copiano. Ed è fatta. Poi, magari, quella soluzione non serve più e tutti se ne dimenticano (proprio perciò in questo caso non c'è l'irreversibilità dell'appreso). Ho inventato, al proposito, il concetto di «lampi culturali». Sì, me li immagino proprio, questi flash di cultura, come lampi che utilmente attraversano tutta una popolazione e che poi scompaiono, dimenticati, per essere sostituiti da altri lampi.

Nell'ambito della sperimentazione che, insieme con i miei collaboratori, feci tanti anni fa all'Università di Parma, ho visto topi rapidamente imparare a penetrare in un nuovo ambiente spostando una porticina mobile, oppure svitando, con le loro abili piccole mani, grosse viti (uno spettacolo!). Penetrare in un nuovo ambiente per un topo può significare, nella vita vera, sfuggire da una trappola, o scoprire una nuova fonte alimentare.

Ho visto topi manovrare una funicella per recuperare un minuscolo pezzo di cibo, e ho visto, soprattutto, e in tutti i casi, come gli altri topi rapidamente sapevano acquisire la nuova abitudine. Rapidamente, questo è il problema per il topo: la trasmissione deve passare il più in fretta possibile a tutti gli altri individui, senza vincoli e regole. Cultura bollente occorre, se si vuole scappare dalle trappole!

Dopo aver detto tanto delle mie ricerche, e chiedo scusa, mi piace chiudere raccontando un aneddoto non mio. Me l'ha detto Luigi Valzelli, un amico che purtroppo non c'è più, e che lavorava all'Istituto Mario Negri di Milano. Anche lui studiava il comportamento dei topi, particolarmente quello aggressivo. Il fatto è avvenuto durante un periodo di rivoluzione del metodo di allevamento dei topolini di laboratorio. Per lungo tempo si era fornita loro l'acqua da bere con bottiglie capovolte, provviste di un beccuccio da cui pendeva costantemente una goccia. I topi incontravano quel minimo di umidità ed era facile, per loro, sapere dove bere. Semplicissimo. Solo che, ogni pochi giorni, bisognava manualmente riempire le bottiglie. Così si inventò un metodo più pratico, più automatico: la tubatura dell'acqua che passava direttamente dietro le batterie d'allevamento e, a livello di ogni contenitore di topi, una diramazione provvista di una valvolina. Era sufficiente che il topo che voleva bere la toccasse col muso perché fuoriuscisse l'acqua sufficiente. Poi, al termine del contatto, altrettanto automaticamente l'acqua smetteva di arrivare. Ottimo metodo, che non solo eliminava mano d'opera, ma anche evitava l'inconveniente, prima abbastanza frequente, delle bottiglie che, liberando troppa acqua, talora provocavano pericolose, per loro anche mortali, inondazioni.

Solo che Valzelli studiava l'aggressività, e soprattutto quella forma speciale che deriva dall'isolamento sociale. Valzelli concepiva i suoi esperimenti con due categorie di topi: i controlli allevati in gruppo, gli sperimentali tenuti, almeno per un po' di giorni, da soli. E qui nacque il problema, perché rapidamente scoprì che, con la nuova stabulazione, una gran parte dei topi sperimentali moriva di sete. Allora non si sapeva quasi niente della trasmissione culturale, ma poi si capì la dinamica di quella disgrazia. Nei gruppi, che di norma erano composti da almeno una ventina di individui, ce n'era sempre almeno uno che, o per caso o per sue particolari abilità esploratorie, scopriva come si faceva per ottenere l'acqua dalla valvola. Tutti gli altri, poi, imparavano da lui. Così il gruppo sapeva gestire la novità e andava avanti senza inconvenienti. Gli isolati, invece, o scoprivano o, purtroppo, morivano. L'isolamento, pertanto, determinava, nelle prime generazioni, quelle di passaggio dal metodo della bottiglia a quello della valvola, vere falcidie.

Ecco allora che la casuale scoperta di Valzelli può farci meditare su alcuni fatti. Innanzitutto sulla funzione che può avere, in una specie sociale, la capacità di trasmissione culturale, se è almeno un po' innovativa. Può, infatti, determinare un adattamento a situazioni nuove e inattese decisamente superiore, per rapidità, rispetto a quanto possa mai avvenire attraverso l'evoluzione biologica. Secondo punto di meditazione: un comportamento, sia esso determinato geneticamente o culturalmente, è comunque sempre sottoposto al giudizio della selezione naturale. I topi che non sanno bere da una valvolina, sia che non lo sappiano perché manca loro l'istruzione genetica, o perché manca loro un'informazione appresa, comunque muoiono. E a questo punto ci sarebbe molto da speculare, passando dal topo all'uomo, a proposito delle culture maladattative.

Prima di chiudere con la cultura del topo voglio ancora soffermarmi un poco sul caso dell'acqua e della valvola. L'incidente che ho descritto, come ho detto, si riferisce al momento di passaggio dal vecchio metodo della bottiglia rovesciata al nuovo. Poi, trascorso un po' di tempo, dopo che le prime nidiate iniziarono a nascere nella nuova situazione e i giovani appresero dai genitori come si fa a bere, non ci furono più inconvenienti. La nuova abilità, la soluzione del problema bere, entrò nella cultura dei nuovi topi da laboratorio. Questi, se messi in isolamento, non hanno, contrariamente ai primi, alcun problema di sete. Per loro bere da una valvola è la norma. Una norma culturale, però.

Ed eccoci all'ultima meditazione, questa di ordine comparativo (quante informazioni possono essere tratte da un piccolo, apparentemente banale, evento!). La cultura dei topi contempla due forme di apprendimento sociale, quella conservativa dell'imprinting e l'altra, che ho chiamato «bollente». Perché la coesistenza, nel topolino delle case, di due differenti tipi di apprendimento sociale? La risposta è questa: la gelida cultura dell'imprinting trasmette informazioni (come il sapere riconoscere la propria specie) che hanno un valore che dura nel tempo, che addirittura travalica le generazioni. E ciò spiega l'esistenza di regole rigidissime. La cultura bollente trasmette, invece, informazioni che hanno un valore forte nel presente, forse anche nell'immediato futuro, ma che certamente prima o poi quel valore lo perderanno e dovranno essere sostituite da altre informazioni. Niente regole, allora, e niente, soprattutto, irreversibilità dell'appreso.

Le tradizioni degli scimpanzé

Sulla rivista *Nature* comparve, non molti anni fa, una straordinaria documentazione sull'esistenza di vere, complesse culture, relative a un gran numero di abitudini, per l'esattezza 65, che differenziano ben sette popolazioni di scimpanzé abitanti sei tra loro distanti località africane. Due popolazioni risultano infatti tra loro confinanti, quelle che abitano nella zona di Mahale, in Tanzania, ma che, ciò nonostante, presentano marcate differenze culturali, segno evidente di scarse interazioni sociali tra i due gruppi. Le altre popolazioni abitano una in Guinea (Bossou), due in Uganda (Kibale e Budongo), una in Costa d'Avorio (Tai), un'ultima ancora in Tanzania (Gombe).

Ritengo utile, a questo punto, dare una precisa definizione (un po' più dettagliata di quanto ho fatto parlando di quella dei topi) di cosa, in un'ottica biologica, si intende per cultura: qualsiasi comportamento o conoscenza che venga trasmesso all'interno e tra le generazioni per via non direttamente genetica, ma attraverso forme di apprendimento sociale, come l'imitazione, sia essa visiva o acustica, l'insegnamento, l'apprendimento tramite osservazione. È sottinteso che, se le abitudini vengono passate per via sociale e non genetica, deve pur sempre esistere, e in effetti in qualche caso è stata direttamente dimostrata, una trasmissione e una caratterizzazione genetica per quanto concerne le capacità di apprendimento e di comunicazione sociale connesse.

Ma torniamo ai nostri scimpanzé, che sono la specie animale a noi geneticamente più affine. Occorre innanzitutto rimarcare la notevole quantità di tempo che è servita, a tanti e differenti gruppi di ricercatori, per raccogliere la documentazione necessaria: una quantità di ore che nel suo complesso assomma a ben 151 anni. Quanto alla qualità delle informazioni trasmesse culturalmente, esse vanno da abitudini relative al corteggiamento, alla salute del corpo (come liberarsi dai parassiti), ad abitudini alimentari, a forme di comunicazione. Per esempio esiste la tradizione di procurarsi insetti da usare come cibo, termiti o formiche, e queste vengono catturate mediante arnesi differenti che a loro volta vengono in vario modo preparati e usati. Gli stessi insetti possono essere consumati uno per volta oppure raccolti e poi mangiati in più consistenti bocconi. Esiste l'abitudine di rompere le noci usando una sorta di incudine e di martello, e questi due arnesi possono essere di legno o di pietra, con differenti varianti tradizionali. C'è infine la tradizione di comunicare a distanza tamburellando coi piedi informazioni in modo ritmico e ritualizzato, oppure battendo bastoni o ancora usando particolari gesti delle mani. E così via. Considerando tutte le

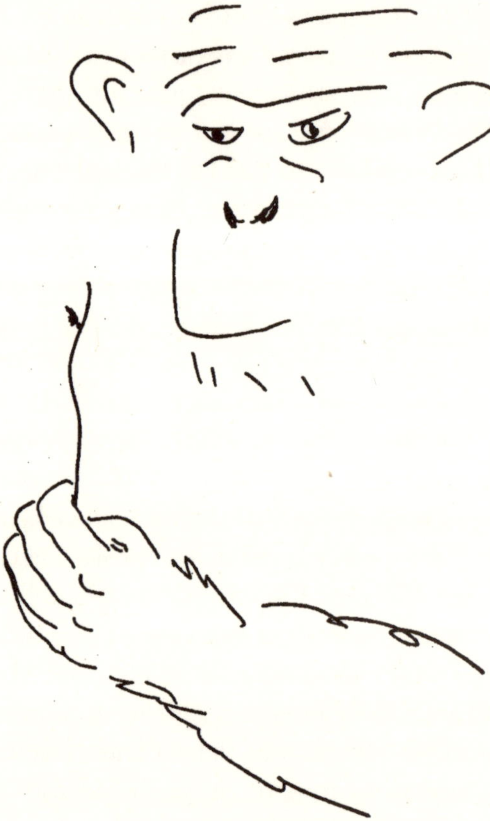

65 abitudini rilevate, e valutando la loro presenza o assenza nelle popolazioni, oppure il loro uso sporadico o frequente, è stato possibile, per ciascuna popolazione, definire un complesso pacchetto comportamentale che, in definitiva, ne rappresenta la cultura, cioè la propria identità culturale. Mai prima d'ora ci si era resi conto che una specie non umana possedesse un così complesso patrimonio di abitudini non specie-specifiche, ma invece caratterizzanti singole, differenti e isolate popolazioni. Vere e proprie tradizioni locali, cioè.

La nostra visione antropocentrica del mondo, quando si scopre una qualche caratterizzazione «quasi umana» in un'altra specie, tende a farci ragionare come se si trattasse di un qualcosa di perfettibile avendo in mente la nostra presunta perfezione. Ottica ovviamente errata. Gli scimpanzé, per dire del caso attuale, non puntano finalisticamente a divenire umani. Il loro percorso evolutivo è stato ed è diverso dal nostro. Diverse le loro capacità adattative se non altro perché diverso è l'ambiente, anche sociale, in cui vivono. Diverse sono dunque le loro caratterizzazioni culturali, che ovviamente non si basano, come le nostre, su un linguaggio simbolico (o così simbolico) e su così adattativamente differenti capacità intellettive. Detto altrimenti: loro sono loro e noi siamo noi, ciascuna specie a suo modo perfetta, anche se, forse, la parola perfezione sarebbe meglio non usarla mai.

La didattica delle beccacce di mare

Una delle più belle oasi della Lipu, e delle meglio attrezzate per il bird-watching, è quella di Torrile, in provincia di Parma, ed è lì che, recentemente, ho potuto osservare tante beccacce di mare, uccelli dal fascino speciale, soprattutto per quanto sanno fare. Mi trovavo, quel giorno, con Maurizio Ravasini, che da sempre gestisce l'oasi con straordinaria passione. Così, pur essendovi tutt'intorno una gran quantità di uccelli, la mia prima domanda fu proprio per le beccacce, che sapevo che in Italia soltanto raramente, e in altre zone, nidificavano. E Maurizio mi informò che ormai, un po' dappertutto in zona, c'erano coppie stabilmente nidificanti. Bella notizia davvero.

A ogni modo, se volessi inquadrare questi uccelli, altrimenti detti ostrichieri, così come il loro nome specifico (*Haematopus ostralegus*) comanderebbe, dovrei farlo non nel cuore della pianura padana, ma piuttosto su una spiaggia marina. È così, infatti, che con gli occhi della memoria li vedo. Vedo una schiera di uccelli bianchi e neri intenti a frugare nel bagnasciuga, è ciò ci informa che lì ci sono in abbondanza granchiolini, vermi, molluschi. C'è infatti un ben preciso rapporto spaziale tra il dissolversi delle onde sulla spiaggia e le beccacce di mare, i begli uccelli dal becco corallo che da noi sono soprattutto presenti (arrivano in grandi formazioni a V) tra marzo e maggio e tra agosto e settembre. Uccelli per lo più di passo, dunque, e soprattutto frequentatori delle spiagge e delle paludi litoranee.

Qualche coppia, però, fa il nido anche in Italia, tradizionalmente nel delta padano anche se, a quanto pare, ormai la colonizzazione a fini riproduttivi nel nostro paese si è assai estesa. E si tratta, se possibile, d'una colonizzazione fedele, perché questi uccelli amano molto il posto ove nidificano, e anno dopo anno vi ritornano. Così, dato che le coppie nidificanti da noi sono sempre di più, chissà che a qualcuno non venga in mente, prima o poi, di studiare anche per le italiane il loro eccezionale comportamento parentale. A dire il vero credo che un po' lo abbia fatto Armando Gariboldi, che dettagliatamente ne parla nel suo bel libro (*Il comportamento degli uccelli d'Europa*, con i disegni di Andrea Ambrogio, pubblicato da Perdisa Editore, Bologna 2006).

Come ho anticipato, il secondo nome delle beccacce di mare è ostrichiere, e questo nome, ancor più del primo, ha a che fare con ciò che voglio raccontare. Ostrichiere, infatti, sta a significare che l'uccello, che ha un becco più alto che

largo – un becco polivalente perché può fare da scalpello, da forbici e da martello – è un grande ed esperto mangiatore di molluschi bivalvi.

Di ostriche, per la verità, da noi ne mangia poche; mangia soprattutto mitili, ma per far ciò comunque ha sviluppato due tecniche raffinate e precise per aprirne il guscio e arrivare al tenero, che volgarmente poi sarebbe il muscolo.

Una tecnica è questa: si prende il mitilo e lo si conficca nella sabbia fuori dall'acqua cosicché stia ben fermo, poi lo si martella col becco fino a romperlo nel punto di minor resistenza. A volte, invece che conficcare i bivalvi nella sabbia, le beccacce di mare scelgono una pietra adatta, detta dagli ornitologi incudine, su cui le conchiglie vengono appoggiate e frantumate a colpi di becco. È facile, queste pietre, riconoscerle perché, tutt'intorno, si accumulano i residui dei gusci.

L'altra alternativa tecnica consiste nel lavorare sott'acqua. In questo caso si inserisce il becco, come se fosse uno scalpello, tra le valve socchiuse, le si divarica forzandole un po' e infine si taglia il muscolo adduttore che le tiene unite. Fatto ciò, il cosiddetto muscolo è bell'e pronto per essere mangiato. Singolare, e interessante, è il fatto che, a seconda dell'uso che questi uccelli fanno del loro becco, questo viene ad assumere forme un po' diverse, adattandosi al tipo di dieta predominante.

Tutto sommato si tratta di due esercizi difficili da apprendere, ed è ormai accertato che ogni individuo vada specializzandosi per una tecnica soltanto. Ed è qui che entra in gioco la didattica, perché la specializzazione è strettamente connessa col tipo di cure parentali che i pulcini ricevono.

Occorre sapere che esistono anche ostrichieri che, in spregio a questo loro nome, di bivalvi non ne mangiano mai, perché non sono acculturati. In questo caso il pulcino spende coi genitori un periodo di sole sei-sette settimane, non di più, dopo di che se ne va per i fatti suoi essendo divenuto sufficientemente esperto per sapersi procurare, per proprio conto, gli anellidi, i granchiolini e quant'altro di cui si nutrirà.

Se invece il pulcino è figlio di mangiatori di bivalvi, allora la permanenza coi genitori è ben più prolungata, da diciotto a venti settimane, e si tratta di un periodo di studio intensivo, perché l'apprendista deve stare una gran quantità di tempo a osservare i genitori mentre aprono i mitili. E che si tratti di apprendimento, almeno a livello della scelta di cosa mangiare e della tecnica da usare, è stato dimostrato scambiando le uova nei nidi. Sono infatti i genitori adottivi che passano l'informazione, non i «genetici».

Il caso della didattica delle beccacce di mare è, per quanto se ne sa, unico in natura per ciò che riguarda la dipendenza della prole dai genitori, temporalmente variabile in funzione di quanto i figli debbano da loro imparare. Anche per questa sua unicità il caso risulta suggestivo di quella che sarebbe una delle regole generali della trasmissione culturale, umana e non umana. Cioè che, tanto più una specie ha da trasmettere culturalmente, tanto più deve essere prolungato e stretto il rapporto tra chi possiede le informazioni e chi deve riceverle. D'altronde ciò è facile verificarlo facendo un po' di comparazioni tra le specie e, tanto per dire, i rapporti prole/genitori più prolungati sono appunto quelli nella specie umana e nello scimpanzé, i due campioni, quanto a quantità di informazioni trasmesse o trasmissibili.

Ciò che è però interessante, nel caso della beccaccia di mare, è che ci suggerisce come questa «quantità di rapporti» possa variare anche all'interno non solo della specie, ma addirittura di una popolazione. Come del resto, e ben lo sappiamo, succede anche nella specie umana, dove purtroppo non tutti i ragazzini vanno a scuola un ugual numero di anni.

La mente del castoro

Degli animali cinematografici parlerò diffusamente nella quarta parte, per tanti e differenti motivi. È un dato di fatto, però, che certi animali li conosciamo soprattutto grazie al cinema. È il caso dei mustang, i cavalli selvaggi dei cowboy e dell'epopea del West. Ora l'attualità mi spinge a parlare dei castori, che sono anch'essi, a modo loro, animali cinematografici per via del grande *wild* nordamericano, selvaggio e dal cuore gelato (i cacciatori di pellicce, visi pallidi o pellerossa poco importa). Ed è per questa influenza cinematografica che, nel nostro immaginario, essi risiedono là, nella terra lontana di Zanna Bianca. Immagino dunque che un po' vi stupirà sapere che i castori sono, ma soprattutto sono stati, anche fauna europea, cioè nostrana. E l'attualità sta appunto nella loro recente riconquista del vecchio continente.

Occorre, per precisione zoologica, sottolineare che, anche se la specie è sempre la stessa, cioè *Castor fiber*, le sottospecie del Nuovo e del Vecchio Mondo sono distinte. Insomma, seppure assai simile, il castoro europeo è un pochino altra cosa rispetto all'americano. È un animale che, salvo in Italia, fu presente quasi dappertutto, ma che poi è stato sterminato per motivi vari, tra cui ovviamente la caccia, sia per la pelliccia che per un altro prodotto prezioso per la farmacopea medievale, il «castoreo», una sostanza odorosa secreta da due ghiandole poste nella regione posteriore del corpo. «Miracolosa medicina», la si diceva, e un qualche effetto benefico doveva comunque averlo, se non altro perché, nutrendosi il castoro di salici e di altre salicacee, nel castoreo abbondava quell'acido acetilsalicilico da cui poi derivò l'aspirina.

A ogni modo il castoro europeo, che era quasi estinto, viene da un po' di tempo reintrodotto. Ultime regioni in via di ricolonizzazione sono la Scozia e l'Inghilterra, da cui mancava da ben mezzo millennio. E non si tratta, badate bene, di un mammifero qualsiasi. Per gli ecologi il castoro rappresenta, come la quercia di cui ho già detto, una «specie-chiave», cioè capace di determinare, con la sua presenza, quella di molte altre specie animali e vegetali, e ciò sicuramente deriva dalla sua straordinaria (e unica) abilità di costruttore di dighe. Un'attività, tra l'altro, così affascinante da farmelo sempre evocare, quando mi capita (succede) di dibattere sulla questione molto accademica, o di lana caprina, dei concetti di naturale e artificiale. Mi spiegate – domando – perché se una diga la costruisce un castoro viene definita naturale, mentre se è l'uomo a costruirla, la diga è artificiale?

Bella domanda, ma state un po' a sentire come lavora quel gran faticatore che è il castoro, anche se descriverne il comportamento è davvero difficile a causa della sua grande variabilità. Sarebbe perciò molto meglio che il castoro lo vedeste, lo seguiste nel tempo mentre, senza mai arrendersi, immagina infinite soluzioni ai problemi che l'acqua corrente, talora impetuosa, talaltra subdolamente filtrante, nel tempo gli pone. E sono certo che anche a voi, osservandolo, nascerebbero dubbi sull'esclusiva forza dell'istinto. Arrivereste pure voi alla conclusione, ormai condivisa, che in fin dei conti solo l'istinto gli ha regalato l'indefessa pulsione a non fermarsi mai. Ciò perché la varietà dei problemi che il castoro deve superare non molto si adatta con l'idea, per dirla con le parole di Donald Griffin, il grande studioso della mente animale, di un castoro-robot geneticamente programmato.

Vedere all'opera i castori è uno spettacolo. Abbattono alberi, li trasportano, li assestano in mezzo alla corrente. Portano, per chiudere le falle, fango e sassi. Poi, quando l'acqua comincia a salire, si fermano e valutano il tutto. Quindi riprendono e, in qualche caso, è come se pensassero (e verosimilmente lo fanno): qui bisogna allargare la diga ai lati, perché l'acqua ormai è da lì che deborda; ma non basta, perché occorre anche alzare. L'acqua va infatti trattenuta perché lo scopo finale, per quegli indefessi capomastri, carpentieri e insieme raffinati ingegneri, è una pozza larga e profonda d'acqua stabile. Una pozza di proprietà dove poter tranquillamente nuotare, nell'inverno rigidissimo e sotto una lastra di ghiaccio, al sicuro dai predatori. Pare, infatti, che il motivo primario di tanta ingegneria idraulica sia proprio la costruzione di una tana che, in quanto subacquea, è protetta da orsi, linci e lupi (i nipoti di Zanna Bianca, appunto).

La diga è come la fabbrica del Duomo di Milano: non è mai finita e gli intelligenti castori sono sempre pronti a riparare e modificare. E sapete come fanno a stare sempre all'erta? È il mutevole fruscio delle acque a tenerli informati. Un etologo, L. Wilson, fece questo ingegnoso esperimento. Piazzò lungo una diga alcuni altoparlanti che a comando trasmettevano suoni di acque scroscianti. Poi manovrò i tasti e, così facendo, constatò che manovrava anche i castori, che accorrevano proprio dov'era la sorgente sonora. E là accumulavano il materiale, là rinforzavano.

Forse non sarà stata una gran scoperta che l'istinto, da solo, mai e poi mai potrebbe rispondere a così mutevoli e imprevedibili esigenze, ma un tempo così si pensava. Era la solita sottovalutazione dell'intelligenza animale. Ora però sappiamo che il castoro, con la sua sublime arte idraulica, porta acqua al mulino degli assertori del fatto che certi animali, e non sono pochi, hanno la capacità di integrare, sulla base della propria intelligenza e in modo talora sorprendentemente creativo, la base istintiva di cui sono geneticamente provvisti.

Tornando, per chiudere, ai ripopolamenti: l'ultima notizia è che alcune coppie adulte e molti giovani hanno trovato residenza stabile in una riserva, Lower Mill Estate, appena sopra Londra e vicino a Cirencester, nel Gloucestershire. Se vi venisse voglia, non sarebbe poi tanto difficile andarli a trovare.

Le capacità cognitive di grilli e ratti

Non l'avremmo mai immaginato, ma i grilli sanno orientarsi in modo sofisticato, come se sapessero costruirsi una mappa cognitiva. Esattamente come sanno fare i ratti, che risulteranno, a tale proposito, un utile caso di confronto. Dei grilli si sono recentemente occupati Jan Wessnitzer, Michael Mangan e Barbara Webb dell'Università di Edimburgo e quanto hanno scoperto lo si può leggere in una loro pubblicazione, intitolata «Place memory in crickets», comparsa sui *Proceedings of the Royal Society*.

Per studiare il comportamento di questi insetti, appartenenti alla specie *Gryllus bimaculatus*, quei ricercatori si sono avvalsi di un classico apparato sperimentale noto come «vasca di Morris». Test che è bene vi racconti brevemente nella sua versione originale. L'esperimento classico di Richard Morris è questo: una vasca circolare di un paio di metri di diametro viene riempita di acqua resa opaca dall'aggiunta di un po' di latte e, giusto sotto il pelo dell'acqua e perciò invisibile, viene piazzata una piccola piattaforma. In questa vasca i ratti, nuotando, devono imparare a localizzarla per potervi salire sopra e starsene appoggiati senza dover più faticare nuotando continuamente. E i ratti, dirigendosi direttamente e senza inutili deviazioni alla piattaforma, dimostrano di saper utilizzare indizi esterni alla vasca stessa, come porte, lampade, appendiabiti e finestre presenti nella stanza ove la vasca viene localizzata. Usano cioè in modo assai appropriato il panorama circostante.

Negli attuali esperimenti con i grilli al posto della vasca è stata usata un'arena, anch'essa circolare, con un pavimento metallico riscaldato a circa 50° C tranne che per una modesta porzione non riscaldata, corrispondente alla piattaforma dell'originale vasca di Morris. Dato che una temperatura di 50° è assai sgradita a questi insetti, è sulla porzione fredda, non percepibile però direttamente, che ci si attendeva che i grilli tendessero ad andare. Quanto al panorama offerto alla visione, la parete interna dell'arena rappresentava uno scenario consistente in uno sfondo di colline da cui emergeva un grande albero, più in là il rudere di un castello, ancora più in là un alberello. Insomma, un classico panorama provvisto di punti di riferimento strategicamente dislocati. È così risultato che i grilli, pur partendo da diverse localizzazioni iniziali, sapevano usare i riferimenti visivi esterni non vagando a caso ma dirigendosi con precisione verso l'agognato luogo fresco.

Leggendo il rendiconto della ricerca bisogna ammettere che gli autori sono stati assai cauti nel trarre conclusioni, e ciò anche se solitamente il test della vasca di Morris viene considerato come una buona dimostrazione, almeno per i ratti, della capacità di costruirsi «una rappresentazione delle posizioni relative dei luoghi in un ambiente», il che altro non è che la capacità di fabbricarsi una mappa cognitiva. Cautela che risulta evidente dalla frase conclusiva del lavoro: «Rimarchiamo che questa capacità di navigazione non implica necessariamente che questi animali (i grilli) possiedano una rappresentazione spaziale interna». Il che, detto con parole comprensibili anche a chi non è del mestiere (e dunque un po' più approssimative), porrebbe questo intrigante problema: ma insomma i grilli ce l'hanno o non ce l'hanno una mente?

Questione decisamente interessante, valida sia per i grilli che per i tanti invertebrati che sembrano avere prestazioni implicanti capacità che, se si trattasse di vertebrati, verrebbero definite senz'altro come «mentali». Penso alle api, cui una mente ormai viene attribuita, alle formiche, a certe vespe, perfino agli scarafaggi. E recentemente si è parlato di attività apparentemente mentali di polpi e seppie. Così, pur avendolo un poco già fatto, ancora ne parlerò.

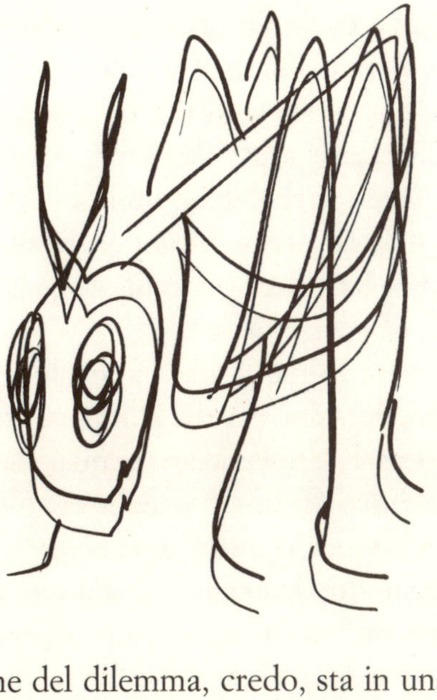

La soluzione del dilemma, credo, sta in una constatazione di carattere evolutivo. Quando delle specie si trovano di fronte a un identico problema il più delle volte, soprattutto se non ci sono alternative valide, lo risolvono raggiungendo soluzioni che, almeno nel risultato, si assomigliano. I delfini, per fare un esempio classico, pur essendo mammiferi hanno evoluto una forma idrodinamica simile a quella dei pesci, risolvendo così il problema del muoversi bene e velocemente nell'acqua. Ebbene, lo stesso ragionamento non può che valere anche per le cosiddette menti degli invertebrati che, per le caratteristiche di volta in volta studiate, semplicemente somigliano (ma di analogia si tratta, non di omologia) alle menti dei vertebrati superiori.

Dato che stiamo discutendo di menti, o presunte tali, tra loro assai diverse e avendo stabilito, in prima istanza, che quella di una scimmia, oppure quella di un elefante, di un corvo, di un'ape o di un polpo, proprio perché provenienti da tragitti evolutivi separati e indipendenti, non possono, assolutamente, essere «la stessa cosa» ma, piuttosto, «cose diverse» caratterizzate semplicemente dal fatto di sapere risolvere certi comuni problemi, merita ora affrontare una curiosità che, singolarmente, in noi è spessissimo presente. E cioè: è possibile fare una «gerarchia di qualità» delle differenti menti che ormai conosciamo?

Quale sarebbe, in altre parole, l'animale più intelligente? Perché è questo, in realtà, ciò che alla gente comune, soprattutto, piace sapere. E sappiamo anche quale sarebbe la risposta che a noi umani piacerebbe ottenere.

Consentitemi, allora, di ragionarci un po' su.

Secondo me è fondamentale quanto abbiamo appena stabilito, e cioè che le diverse menti provengono da tragitti evolutivi separati e indipendenti, e che nel percorrere questi tragitti si sono andate affermando, per selezione naturale, quelle differenti proprietà che, nelle varie specie, sono state essenziali per la loro sopravvivenza. Faccio un semplice esempio. Per animali per cui è importante farsi tesoretti alimentari

celati per i tempi magri, come le ghiandaie, le nocciolaie, gli scoiattoli e così via, essenziale è l'abilità di ricordare (detto volgarmente «tenere a mente») una quantità enorme – centinaia – di nascondigli. Ebbene, le ghiandaie e le altre specie «nasconditrici» questa capacità la possiedono e, da questo punto di vista, le loro menti sono decisamente superiori a quelle di tutti gli altri animali, uomo incluso. Ecco: se noi dessimo un'importanza primaria proprio al saper tenere a mente centinaia di nascondigli, indubbiamente le ghiandaie si piazzerebbero, in quella ipotetica classifica, assai meglio di noi.

Non ci sembra, però, molto importante quella capacità? È vero: dal nostro punto di vista non lo è, ma proprio qui sta il punto. Dal nostro punto di vista è così, ma da quello delle ghiandaie? Chiaro dunque che, qualsiasi tipo di classifica volessimo fare, questa sarebbe sempre e comunque influenzata, se non addirittura determinata, dal punto di vista di chi la fa.

Non sarebbe, cioè, mai totalmente obiettiva. Per noi, in altre parole, sono importanti certe qualità mentali, per altre specie meno, o niente del tutto. Ed è per ciò che non le hanno evolute.

In questi ultimi anni, per fare un altro esempio, si è molto dibattuto sulle capacità che certe specie potrebbero avere di usare una grammatica e una sintassi di tipo umano. Lo sanno fare, forse, un po' gli scimpanzé, ma solo se addestrati, le orche, ma solo un pochino, e invece molto, pensate un po', gli storni. Che potrebbe significare questa strana distribuzione delle capacità grammaticali? Secondo me significa che soltanto per un sistema comunicativo come il nostro è essenziale il valore aggiunto della grammatica e della sintassi. Alle altre specie, salvo forse agli storni (ne ho parlato ampiamente nel mio *Nella mente degli animali*), probabilmente non serve a niente ed è perciò che questa capacità non fa parte del loro bagaglio mentale. Esattamente come al nostro bagaglio mancano certe straordinarie capacità della mente delle ghiandaie, dei pipistrelli e così via.

Conviene perciò rassegnarci. Voler a tutti i costi fare la classifica delle intelligenze è come voler farne una dove dovrebbero organizzarsi, in un'unica gerarchia, un ciclista, un maratoneta, un pugile, un nuotatore, un giocatore di pallacanestro… Non sarebbe una cosa seria.

La cognizione del mulo e l'eterosi

Il mulo è il frutto di un'operazione umana perché è il prodotto di due specie e queste sono, per natura, riproduttivamente isolate. Se però l'uomo ha in mente qualcosa, la fa, e così ha fabbricato quest'essere sintetico, pieno di qualità intermedie o emergenti, e di norma sterile. Un vicolo cieco, dunque, un essere fine a se stesso.

Una difficoltà, per la fabbrica dei muli, sta nel fatto che l'attrazione sessuale d'una specie per un'altra, di solito, è scarsa. Ciò, badate, è funzionale in natura, perché chi sperpera i suoi geni gettandoli, appunto, in un vicolo cieco, cioè chi produce prole sterile, non ha avvenire, in senso evolutivo.

L'uomo, però, ha inventato vari trucchetti per scavalcare questa vaga barriera riproduttiva mentale basata, in prima istanza, su una scarsa o nulla preferenza sessuale, e il più interessante è quello che spesso viene usato per preparare, fin dalla nascita o quasi, il cavallo maschio destinato ad accoppiarsi con le asine e a produrre il reciproco del mulo, cioè il bardotto. Trucchetto che, seppure meno usato, viene talora messo in atto anche nella situazione opposta, quando cioè è l'asino maschio che deve essere convinto a fare qualcosa che, invece, la sua natura gli sconsiglierebbe.

Torniamo però al caso della produzione di bardotti, se non altro perché si tratta del più frequentemente praticato. Al cavallo decisamente le asine non piacciono. Che succede però se un puledrino viene allevato in mezzo a una compagnia di asine donzelle? Succede che i suoi gusti cambiano, perché il cavallo la sua cavallinità non ce l'ha scritta dentro. Gli occorre una precoce esperienza, gli occorre specchiarsi nei suoi simili per sapere chi è, per impostare le proprie preferenze, sociali e sessuali. Una delle tante forme di imprinting, insomma: una precoce, irreversibile esperienza. E così il nostro puledro adottato da un'asina, cresciuto tra quelle bige dalle lunghe orecchie che, come dice la poesia, mastica-

no cardi rossi e turchini, lui quelle bige, una volta adulto, le trova affascinanti e pertanto la barriera tra le specie viene facilmente scavalcata.

E l'asino maschio? Be', verrebbe da dire che, come sempre, lui è di bocca buona e comunque si accontenta. Un aiutino, e cioè un po' di imprinting su qualche bella cavalla, se capita di esserci non fa male anche a lui.

E quanto alle donzelle, siano esse asine o cavalle? Di norma, verrebbe da dire, si accontentano. O meglio si arrangiano come possono, dove il «come possono» significa purtroppo che, poveracce, sono costrette a subire. Il maschilismo, evidentemente, non prospera soltanto nella nostra specie.

I muli, e ben lo sapevano i nostri alpini, e non soltanto loro, sono straordinari per resistenza alla fatica, forza, rusticità e capacità di percorrere sentieri impervi sfidando senza tema i precipizi. Battono ampiamente, per queste qualità, cavalli e asini. E ciò non è leggenda ma un fatto, ormai accertato e anche piuttosto generalizzabile, che i genetisti denominano «eterosi» o «lussureggiamento degli ibridi». Attenzione, però, perché gli ibridi devono essere sempre, obbligatoriamente, di prima generazione.

E ora, anche considerato il fatto che il mulo è tornato inaspettatamente alla ribalta per nuove e più raffinate qualità, vediamo di capire il perché dell'interessante fenomeno dell'eterosi. Quando, negli anni Cinquanta, sorsero i primi grandi allevamenti industriali di polli, gli allevatori erano soliti acquistare da ditte specializzate pulcini d'origine ibrida eccellenti sì in quanto tali, ma che poi non valeva la pena far riprodurre perché la loro progenie non dava un risultato altrettanto buono. E ovviamente chi li vendeva si guardava bene dal mettere in circolazione le razze da cui quei pulcini derivavano. Lo stesso, parallelamente, succedeva con i mais ibridi, che pian piano soppiantarono le nostre vecchie varietà, eccellenti ma meno produttive.

Gli effetti dell'eterosi si spiegano, in linea di massima, così: con l'addomesticamento molti dei geni dominanti presenti nei progenitori dei domestici vennero sostituiti da geni recessivi diversi da razza a razza. Ebbene, incrociando tra loro due razze domestiche succede che i geni recessivi propri dell'una vengano resi silenti dai dominanti dell'altra, e viceversa. E così, nei loro ibridi di prima generazione, ma solo in essi, si assommano tutti gli effetti positivi dei geni dominanti delle due razze. Lo stesso Darwin, d'altronde, che si era dilettato a incrociare differenti razze di colombi, già si era accorto che quegli ibridi «regredivano» a uno stato di quasi selvaticità perdendo buona parte degli orpelli che tanto piacevano agli allevatori. Quasi che la selezione naturale garantisse qualità più concrete di quelle che la mente umana talora fantasiosamente prediligeva. In tutto ciò sta la spiegazione dell'eterosi.

Tornando al mulo, c'è innanzitutto da dire che, essendo un ibrido interspecifico e pertanto sterile, non può che essere di prima generazione. Resta comunque il fatto che, anche il mulo, altro non è che il prodotto dell'incrocio di due animali domestici. Un asino e una cavalla, come tutti sanno. Quanto al nuovo «lussureggiamento» scoperto, sorprendentemente riguarda le capacità intellettive, risultate anch'esse superiori a quelle del cavallo e dell'asino. Ciò è quanto hanno dimostrato Leanne Proops, Faith Burtdeen e Britta Ostham delle università del Sussex e di Canterbury e pubblicato, col titolo «Mule cognition: a case of hybrid vigour» sull'ultimo numero di *Animal Cognition*.

L'esperimento è consistito nel verificare, in muli, cavalli e asini, le capacità di abbinare simboli visivi (quadrati, croci, cerchi ecc.) all'ottenimento di una rimunerazione (una carota). Ebbene, le due specie pure e il loro ibrido hanno tutte dimostrato di saper apprendere a discriminare tra simboli, presentati a coppie, di cui solo uno garantiva la rimunerazione. I muli, però, hanno veramente surclassato (*outperformed*) sia i cavalli che gli asini mostrando, a parità di condizioni, prestazioni decisamente superiori e, comunque, risultate a un'analisi statistica altamente significative. E ciò è senza dubbio un'evidente prova del loro lussureggiamento anche mentale.

Le autrici informano che questo è il secondo caso noto, dopo i topi, di «eterosi intellettiva». Quanto al mulo, mi pare bello e utile concludere riproponendo la splendida e ora ancor più suggestiva frase che Peter e Jean Medewar scrissero nel loro delizioso saggio intitolato *Da Aristotele a Zoo*: «La proverbiale cocciutaggine dei muli non va attribuita a niente di più profondo del loro uso da parte di persone abitualmente insensibili agli animali e indifferenti al loro benessere». Chissà, forse sussurrando garbatamente ordini nelle loro grandi orecchie invece di prenderli sempre a bastonate, potremmo meglio apprezzarne l'ormai comprovata intelligenza.

La creatività comunicativa degli scimpanzé

Una differenza funzionalmente molto importante tra la comunicazione animale e il linguaggio umano è la straordinaria capacità che la nostra specie possiede di produrre nuove parole, cioè nuovi segnali più o meno simbolici, mentre gli altri animali generalmente comunicano con sistemi molto statici, conservativi perché, tutto sommato, più controllati direttamente da istruzioni genetiche. E, in molte specie, anche dominati maggiormente dall'emotività. Ciò, in definitiva, riflette la grande differenza tra il nostro stile di vita, sottoposto a una sempre più rapida evoluzione culturale, e quello degli altri animali, in cui invece è l'evoluzione biologica a farla da padrona.

La differenza tra la nostra comunicazione e quella degli altri animali non è però così netta da potere essere, in modo assoluto, definita qualitativa, quanto piuttosto quantitativa. Non sono poche infatti le specie, soprattutto di uccelli e di mammiferi, che comunicano attraverso segnali appresi e, oltre tutto, manifestano una certa creatività spontanea. Ormai tutti conoscono, per esempio, i canti delle balene megattere, che non solo differenziano le varie popolazioni, ma che anche si modificano di anno in anno, evolvendosi culturalmente con notevole rapidità. Ben noti inoltre sono i dialetti, pure trasmessi culturalmente, che geograficamente contraddistinguono molti uccelli canori.

Anche gli scimpanzé, nel differenziarsi delle loro tradizioni, dimostrano di saper inventare qualche elemento comunicativo, potrei dire qualche parola nuova; sia gestuale che vocale. E di ciò ho già parlato. C'è poi il caso particolarmente interessante, per quanto concerne la creatività comunicativa non-umana, recentemente descritto negli scimpanzé in cattività, che, in certe ben definite circostanze, sanno produrre nuove vocalizzazioni finalizzate ad attrarre l'attenzione di esseri umani per farli poi agire a loro vantaggio.

Chi ha studiato l'interessante fenomeno sottolinea che, data la parentela tra queste grandi scimmie e la nostra specie, la scoperta dimostrerebbe che la nostra grande creatività comunicativa ha radici biologiche molto antiche e, oltre tutto, condivise.

L'esperimento è stato effettuato nello Yerkes National Primate Research Center dell'Università Emory di Atlanta (USA), è stato pubblicato da William D. Hopkins e collaboratori su *Animal Behaviour* ed è intitolato «Chimpanzees differentially produce novel vocalizations to capture the attention of a human». Questi ricercatori si sono posti il seguente quesito: che succede se uno scimpanzé vede qualcosa che gli interessa ma che è irraggiungibile, mentre invece questo qualcosa è a portata di un essere umano? Sono stati studiati 26 scimpanzé, da soli o qualche volta in coppia, che sono stati fatti entrare in una stanza divisa in due da uno sbarramento. Dall'altra parte delle sbarre, quella per loro irraggiungibile, venivano proposte tre alternative. Nella prima entrava un uomo con in mano una banana, la posava sul pavimento e poi se ne stava fermo, ben in vista, mettendosi di spalle alle sbarre. Nella seconda l'uomo entrava senza niente in mano e ancora dava di spalle alle sbarre. Nella terza entrava, posava una banana sul pavimento e subito se ne usciva. Ebbene, salvo rarissime eccezioni, solo nella prima alternativa, cioè quando erano contemporaneamente presenti sia l'uomo che la banana, gli scimpanzé emettevano delle vocalizzazioni particolari e originali, non comprese cioè nel loro repertorio vocale naturale. Queste sono state descritte come *extended grunts*, cioè grugniti prolungati, oppure come *splutters*, borbottii o farfugliamenti. Suoni ben riconoscibili

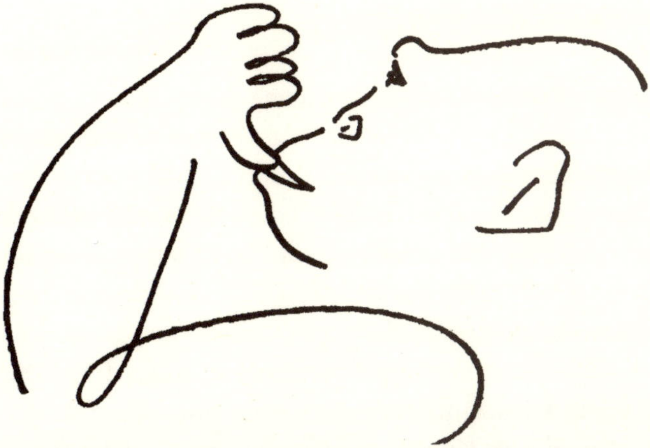

che, comunque, avevano lo scopo manifesto di attrarre l'attenzione dell'uomo di spalle per poi indurlo a raccogliere per loro la banana. Certi individui preferivano usare il *grunt*, altri invece lo *splutter*, suoni che, comunque, sortivano il medesimo effetto.

Gli studiosi hanno interpretato questo comportamento come un peculiare uso di arnesi, e la peculiarità sta nel fatto che lo strumento, nel caso, sarebbe l'uomo, manipolato vocalmente per raggiungere lo scopo prefisso. E, a ben pensarci, proprio questo significa strumentalizzare.

L'aspetto comunque più interessante, in quanto dimostra le elevate qualità intellettive degli scimpanzé, è che le vocalizzazioni venivano prodotte esclusivamente quando gli esseri umani erano di spalle, cioè impossibilitati a vederli. Se invece si mettevano di fronte venivano sollecitati con gesti ed espressioni facciali. Gli intelligenti bestioni, come è logico, in questo caso non sentivano l'esigenza di richiamare l'attenzione con quegli specialissimi suoni. E questo è senz'altro un modo di ragionare assai sensato.

Le esperienze adolescenziali degli elefanti

La vita dei mammiferi di norma è suddivisa in quattro periodi: l'infanzia, la giovinezza, l'adolescenza e la maturità. In molte specie, però, una vera adolescenza non esiste essendo simultaneo il passaggio dalla giovinezza al livello riproduttivo, che poi sarebbe l'adulto. In altre specie invece – e si tratta di quelle caratterizzate da vita lunga e da notevoli capacità di apprendimento – l'adolescenza risulta essere un periodo importante e particolare, straordinariamente formativo. Studi sull'argomento sono noti per molti primati, tra cui gli scimpanzé e i babbuini, per gli elefanti marini, i cervi, i capodogli e i delfini. Per non parlare della nostra specie, che è decisamente peculiare perché, soprattutto nel periodo storico più recente, ha manifestato un progressivo allungarsi della fase adolescenziale verosimilmente a causa di motivi d'ordine culturale. I nostri ragazzi, lo sappiamo bene, ce ne mettono assai per diventare veramente adulti.

La ricerca più attuale riguarda i maschi adolescenti di elefante africano. Si intitola «Adolescence in male african elephants, *Loxodonta africana*, and the importance of sociality», è di Kate E. Evans e Stephen Harris ed è pubblicata su *Animal Behaviour*. È uno studio di notevole interesse soprattutto perché le deduzioni tratte sul campo mediante l'osservazione di una popolazione naturale hanno potuto giovarsi, come importante controprova, dei dati tratti da una popolazione demograficamente sbilanciata in quanto conseguenza di ripopolamenti avvenuti a seguito di immissioni in un'area che ne era rimasta priva. Dove, soprattutto, gli adulti maschi erano decisamente poco numerosi. In pratica solo il numero minimo indispensabile perché la crescita della nuova popolazione si rimettesse in moto.

Negli elefanti africani il periodo adolescenziale (dalla pubertà all'effettiva possibilità di riprodursi) dura dall'età di dieci fino ai vent'anni. I ricercatori però, per meglio seguire la progressiva maturazione, fisica e comportamentale, dei maschi adolescenti, nel loro studio hanno preferito suddividerli in due classi d'età: dai 10 ai 15 e dai 16 ai 20. L'area di osservazione è stata lo splendido delta dell'Okavango, in Botswana.

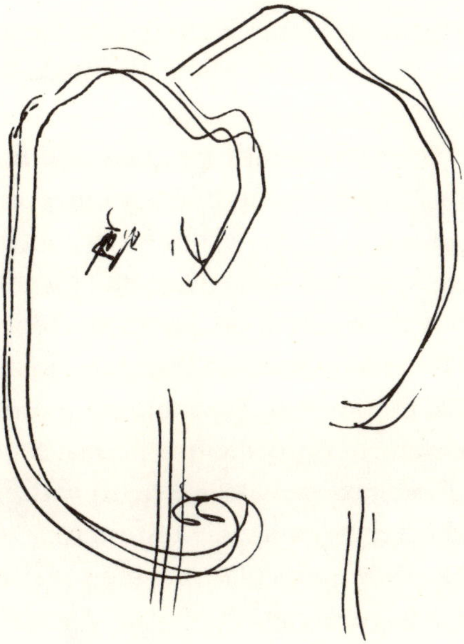

I principali risultati ottenuti furono questi: gli adolescenti si dimostrarono sempre più impegnati in interazioni sociali, con fondamentali giochi di lotta, rappresentanti esercizi utili per acquisire l'abilità necessaria per raggiungere poi, una volta adulti, un alto stato sociale; spesero poi sempre più tempo in esplorazioni spaziali e, infine, nell'osservazione attenta e mirata del comportamento dei maschi adulti. Secondo gli autori è proprio quest'ultima l'attività che regala a quei giovani l'esempio e l'istruzione di come sia opportuno stare al mondo. Per questo motivo i maschi adulti sono stati definiti «casseforti sociali ed ecologiche di conoscenza» (*social and ecological repositories of knowledge*).

Quanto alla popolazione di controllo, era localizzata in Sudafrica e frutto, come si è detto, di una recente operazione di ripopolamento a seguito di immissioni piuttosto sbilanciate. Questa popolazione era caratterizzata dalla quasi totale assenza di maschi veramente adulti (le famose casseforti), e risultò proprio tale assenza di competenze ad aver determinato negli adolescenti sudafricani quelli che furono genericamente definiti come «comportamenti inappropriati». Ciò perché, a parte la mancanza dei necessari punti di riferimento, gli adolescenti furono biologicamente forzati, proprio da quelle peculiari circostanze, ad assumere troppo presto un ruolo per cui non erano ancora veramente pronti.

Le anomalie che risultarono erano sia d'ordine fisiologico che comportamentale, come una prematura comparsa di quello stato di eccitazione sessuale detto *musth*, consistente in un incremento eccezionale del testosterone e della secrezione delle ghiandole perioculari, cui sempre si accompagnano esplosioni di aggressività.

Oltre a ciò quegli adolescenti, risultati impreparati perché divenuti troppo presto maturi rimanendo nel contempo socialmente incompetenti, mostrarono disturbi anche a livello delle capacità di mantenimento dei buoni rapporti con i membri del loro gruppo.

L'adolescenza, pertanto, e non solo per noi umani, si conferma come un periodo importante sì ma anche, e spesso, ingrato e difficile. È chiaro dunque che, in specie intelligenti come sono gli elefanti, e tante altre, uno sviluppo corretto dallo stato adolescenziale a quello adulto non può avvenire se non all'interno dei parametri che la selezione naturale ha collaudato nei tempi lunghissimi che sono propri dell'evoluzione biologica. Esistono dunque, anche per questi elefanti adolescenti, attese biologiche di ordine esperienziale che non possono, senza gravi conseguenze, essere disattese.

Gusci, corazze e carapaci

Il giorno di santa Lucia del 2008, ho abbandonato una tremenda acqua alta veneziana per raggiungere in treno Bologna. Era sabato, era quasi verso sera (citazione da Jannacci, *El purtava i scarp de tennis*), e la città di san Petronio era orribilmente intasata dalle macchine. C'era inoltre, nella stazione ferroviaria, una manifestazione di protesta perché stava arrivando da Milano un «treno da signori» (questa è da Guccini, *La locomotiva*) che impiegava, per quel tragitto, appena un'ora o giù di lì. E così i pendolari, che evidentemente non erano sufficientemente signori, protestavano per i ritardi dei loro treni. Quanto a me, ero ugualmente felice perché la santa e il santo (Lucia&Petronio) stavano per farmi uno splendido regalo, la mostra «Gusci, corazze e carapaci».

Si intitolava così, infatti, l'esposizione che l'Università di Bologna inaugurava nelle antiche sale dei suoi Musei di Anatomia comparata e di Zoologia. Mostra che celebrava, in leggero anticipo, i 200 anni dalla nascita di Darwin e i 150 de *L'origine delle specie*. Due anniversari che, effettivamente, sarebbero ricorsi solo nel 2009, ma la mostra si sarebbe protratta per tutto gennaio. E dunque andava bene così, meglio prima che dopo.

Il tema della mostra era azzeccato e originale, perché gli animali corazzati propongono, lo scoprirete presto, storie evolutive istruttive che non fanno che porci nuovi interessanti quesiti. Storie che, come punto di partenza, fan tutte capo a questa unica regola: quando più specie, anche se tra loro filogeneticamente assai distanti, devono risolvere lo stesso problema, sviluppano soluzioni che in qualche modo si assomigliano. È il fenomeno detto «convergenza evolutiva», noto ai più soprattutto per la non casuale somiglianza tra i pesci e i delfini, prodotta dalla necessità condivisa di avere, per muoversi nell'acqua, una forma idrodinamica. Un altro esempio, questo più in tema con la mostra, divertente e assai singolare, è quello cosiddetto dei tre ricci, che poi sarebbero il mammifero, che minacciato si trasforma – l'avete mai visto? – in una palla spinosa; quello di mare, che palla spinosa lo è costantemente; infine il vegetale, quello della castagna. E, volendo, ce ne sarebbero anche altri, per esempio il pesce riccio, ma tre mi pare che bastino. È chiaro che tutti questi ricci tra loro così diversi hanno risolto lo stesso problema, il non essere mangiati, con la medesima trovata evolutiva. E proprio questa è la convergenza di cui dicevo.

Esiste poi un'altra regola che coinvolge un po' tutti gli animali: quando si è minacciati, o si scappa o ci si corazza. E a tale proposito è veramente istruttivo il caso dei cavallucci marini, quegli strani e amabili pesci che hanno evolutivamente «scelto» di essere corazzati. Ed è perciò che hanno perso totalmente quell'idrodinamicità che caratterizza tutti gli altri pesci, sostituendola con quella forma vagamente equina (più da cavallo degli scacchi che da cavallo vero) terminante con una coda prensile. I cavallucci marini se ne stanno infatti agganciati a un qualche vegetale e, se non basta la corazza, anche un po' si mimetizzano. Ce n'è uno, il *Phyllopterys eques*, diffuso lungo le coste dell'Australia, che ha evoluto un tal numero di appendici lobate da farlo davvero sembrare un'alga natante. Il che gli è utilissimo per non farsi notare dai suoi tanti possibili predatori.

Quindi – e questa volendo potrebbe anche essere la regola numero tre – in certi casi risulta assai opportuno, agli animali corazzati, evolvere una strategia complementare. È ciò che spiega, in altro modo rispetto al *Phyllopterys eques*, anche l'armadillo che, pur essendo, come dice il suo nome, armato, se la minaccia si fa davvero seria, in un lampo e con gli unghioni di cui è dotato si seppellisce sottoterra. Era lì e ora non c'è più, pensano stupiti i suoi aggressori, ammesso che sappiano pensare (e molti ne sono capaci).

Nominato l'armadillo, viene spontaneo (come sapete una ciliegia tira l'altra) pensare al pangolino, che gli è simile assai, ma solo per convergenza evolutiva. L'armadillo appartiene infatti agli xenartri del Nuovo Mondo, mentre il pangolino fa parte dei folidoti di quello Vecchio. Stessa strategia in due storie evolutive separate.

La mostra, assai ben illustrata, raccontava di pesci, rettili e mammiferi corazzati, e poi di echinodermi (ricci, stelle marine, ofiure), di crostacei e molluschi. Tra i crostacei, sicuramente, la palma della fantasia spetta ai paguri che, ben lo sapete, difendono il loro molle addome con la conchiglia vuota di un gasteropode su cui spesso piazzano (ecco qui un'altra strategia complementare) urticanti anemoni di mare (celenterati). Dei paguri, però, ho già detto a sufficienza raccontando delle competizioni e dei bluff che mettono in atto per procurarsi le conchiglie migliori.

Sono i molluschi, a ogni modo, i più creativi nel fabbricar conchiglie. Dalla primitiva placca della *Neopilina* alle tante tra loro embricate dei *Chiton* alla conchiglia a tromba dei *Dentalium*. Ma c'è dell'altro perché, a guardar certe forme e a correlarle con lo stile di vita, nasce un'ipotesi che, per gli studiosi, ormai è quasi una certezza. E riguarda la comparsa di una mente. Una «mente invertebrata» nata anch'essa per convergenza evolutiva. Il tragitto, assai semplificato, sarebbe questo: un primo livello potrebbe essere rappresentato dalle

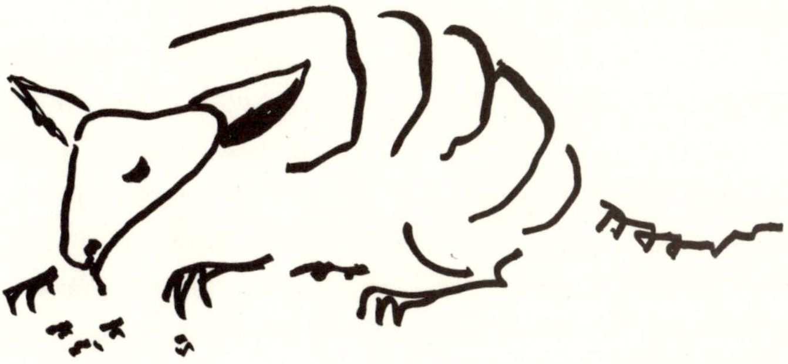

cozze (bivalvi), che sono sempre fisse, o quasi, col loro corpo inscatolato tra due valve, prive di un vero capo e possiedono soltanto, al posto d'un cervello, un anello (il cosiddetto cingolo) periesofageo con un po' di gangli nemmeno tanto sviluppati. Poi – e questo sarebbe il livello intermedio – ecco le chiocciole (gasteropodi), che sono mobili ma lente, chi va piano va sano e va lontano, e in cui, con la torsione della conchiglia, comincia a crearsi lo spazio per un vero capo. Infine, trionfalmente (consentitemi un poco di entusiasmo), ci sono i cefalopodi, che la conchiglia l'hanno molto ridotta (*Sepia*) o addirittura del tutto eliminata (*Octopus*) e che, per via della loro vita avventurosa da predatori, hanno evoluto un qualcosa di analogo a un cervello provvisto, soprattutto, di una mente coi fiocchi. Per non parlare dei loro occhi straordinari. Così simili, per analogia, a quelli dei vertebrati. Sembrerebbe dunque, e questa sarebbe la morale della favola, che per starsene fermi a filtrar l'acqua, come fanno le cozze, possa bastare la sapienza degli istinti, mentre se invece, come è il caso dei cefalopodi (penso anche agli stupendi, scattanti, fulminei calamari), si vuol fare la vita avventurosa dei pirati, allora sì che serve un cervello, e fino assai. Darwin sarebbe stato affascinato se avesse conosciuto una storia così.

Il polpo e la seppia, c'è dell'altro oltre alla mente

Per noi esseri umani non c'è niente di meglio che possedere una mente e un'intelligenza sopraffina. È così che pertanto ci viene spontaneo, direi quasi naturale, sottovalutare la sapienza degli istinti. Questi tentativi di gerarchizzazione, a ogni modo, valgono per quel che valgono (cioè pochissimo), e soprattutto dipendono solo da chi stabilisce le regole. Più oggettivo sarebbe, invece, chiedersi cosa, a seconda dello stile di vita, effettivamente valga di più, se l'innato o l'appreso, in funzione della sopravvivenza, del benessere e dell'equilibrio con le altre specie.

Ma torniamo ai nostri molluschi cefalopodi. Il polpo è noto da tempo per la sua intelligenza e, recentemente, anche la seppia ha suscitato stupore per le sue notevoli capacità intellettive. Nel mio ultimo saggio *La bella zoologia* ho raccontato le capacità di questi molluschi quanto al saper memorizzare e leggere un qualcosa di simile a dei segnali stradali per sapersi con ciò, poi, orientare. Il cosiddetto (e sopraffino) *conditional discrimination learning*.

Ora, proprio al fine di renderci conto che, in questi animali, c'è anche qualcos'altro di sopraffino, voglio raccontarvi un paio di casi che, con l'intelligenza di questi evolutissimi molluschi e con le loro ipotetiche menti, non hanno proprio niente a che fare. Ma che sono, spero di convincervi, altrettanto provvisti d'intelligenza, seppure di un'altra e diversa qualità.

Il primo caso riguarda molte specie di calamari, seppie e polpi, che sono risultati, dopo molti e laboriosi studi, essere completamente sordi.

Un difetto? State a sentire.

La storia è esplosa qualche tempo fa con la pubblicazione di una sorta di dossier fatto di aneddoti, osservazioni non completamente riuscite, ricostruzioni paleontologiche e tante altre «prove indiziarie» che proponevano, già nel titolo, la seguente ipotesi: «Gli odontoceti sanno stordire le loro prede mediante l'emissione di suoni?». Gli odontoceti, come sapete, sono i cetacei provvisti di denti, e cioè delfini, orche e capodogli, e a proporre il quesito, e a costruire il primo consistente abbozzo del mosaico, sono stati il californiano di Santa Cruz Kenneth Norris e il danese Bertel Nøhl, il primo biologo marino, il secondo zoofisiologo.

Vediamo dunque da dove nasce la strana idea. Il primo indizio, certamente, è scaturito da alcune osservazioni naturali, accuratamente raccolte, che ci parlano di sciami di pesci divenuti incapaci di orientamento spaziale, o addirittura divenuti come letargici, così da poter essere catturati perfino con le mani, in presenza di odontoceti emettenti i loro fortissimi «schiocchi». C'erano, è vero, altre possibili spiegazioni per questo apparente malessere, quali la mancanza d'ossigeno per sovraffollamento o l'eccessivo accumulo di acido lattico nei muscoli, in tutti e due i casi provocati forse dai cetacei con la loro predazione, ma un esperimento in cattività avrebbe vanificato queste ultime possibilità. Del resto lo si sa bene che i pesci e altri organismi acquatici soffrono, fino a restarne uccisi, per l'impatto con suoni, se questi sono sufficientemente forti, e anche si conosce il meccanismo fisiologico d'azione. Quanto ai delfini, si sa che durante le loro cacce circondano i banchi dei pesci e, da ogni direzione, li bombardano con mitragliate di potenti e ritmici suoni.

Al di là di queste osservazioni stanno altri due ordini di «prove indiziarie».

L'uno è di tipo paleontologico comparativo e dimostrerebbe, attraverso la ricostruzione della storia evolutiva di questi mammiferi marini, che all'inizio il loro cranio era una macchina ben adattata per l'effettiva cattura delle prede secondo le normali regole dei mammiferi, e a questo livello l'emissione di suoni aveva solo la funzione della comunicazione sociale.

In seguito, però, sarebbe comparsa l'importante innovazione evolutiva dell'uso dei suoni per l'orientamento spaziale (il sonar) e ciò avrebbe determinato sostanziali modificazioni strutturali, con l'allungamento del rostro e la comparsa di asimmetrie. Infine l'ultimo passo: l'emissione di suoni in funzione predatoria, con la parallela progressiva riduzione dei denti e con la messa in atto di un meccanismo succhiante che consente l'inghiottimento delle prede vive, purché stordite. E, a corollario di queste prove di carattere naturalistico, tanti calcoli di ordine energetico tendenti a dimostrare l'economicità, soprattutto se le prede sono piccole, del rivoluzionario metodo.

Questa è la trama generale d'una lunga e raffinata storia evolutiva entro cui vanno a piazzarsi, con la loro intelligenza «di specie», certe seppie, certi calamari, certi polpi, che avrebbero evoluto, come contromisura, la sordità. La ricostruzione evolutiva, questa volta, è stata proposta dal mio vecchio amico etologo Martin Moyniham di Panama. Storia insieme intrigante e affascinante che si basa, soprattutto, sulle compensazioni che la perdita dell'udito ha determinato in questi solo apparentemente handicappati molluschi.

Piccolissima appendice: avrà pensato, qualche lettore, che anche l'uomo ha inventato la pesca (di frodo) col botto. Verissimo: la cultura non fa che copiare, quasi sempre e spesso senza neppure saperlo, ciò che aveva già inventato la natura.

Il secondo caso riguarda il notissimo «nero di seppia».

Scrive lo zoologo viennese Luitfried von Salvini-Plawen che le piccole seppie del Mediterraneo (*Sepiola rondeleti*) emettono una nuvola di inchiostro somigliante alla sagoma del loro stesso corpo, nel tentativo di ingannare il predatore e così sfuggirgli con la complicità del presunto «sosia».

Un altro membro della famiglia delle seppie, *Sepioteuthis sepioidea*, che vive nelle acque di Panama, fa anche lui qualcosa di simile. Secondo Martin Moyniham e Arcadio Romaniche questo mollusco, dopo aver spruzzato fuori la sua nuvola nera, non scappa ma se ne sta galleggiando lì vicino. E mentre, come dicono i ciclisti, fa il *surplace*, assume un colorito bruno e un atteggiamento contorto e insieme criptico.

La funzione del singolare comportamento sarebbe in questo caso l'imitazione della sua nuvola, perché presumibilmente un predatore che ha investigato con esito negativo una vera nuvola d'inchiostro non si occuperebbe più di un altro oggetto siffatto.

Se i due casi che ho descritto sono originali ed eccezionali, lo spruzzare inchiostro è invece proprio di moltissime specie di seppie. Più di 700, perché tanti sono i dibranchiati, cioè quei molluschi cefalopodi che appunto sono provvisti dell'ingegnoso dispositivo di protezione, che di solito viene usato con funzioni criptiche. La nuvola nera che compare all'improvviso, infatti, nasconde e disorienta i predatori, che per lo più sono pesci, mentre più raramente uccelli o mammiferi marini.

E pare che l'inchiostro non nasconda solo alla vista, ma anche all'olfatto, annullandone temporaneamente la sensibilità.

Nelle specie abissali, dove l'effetto ottico del nero sarebbe nullo per l'oscurità generale, si sono sviluppate due differenti strade evolutive: o la regressione della ghiandola che produce inchiostro, oppure l'abbinamento con batteri luminosi. L'*Heteroteuthis dispar*, per esempio, che vive in acque fonde fino a 1.500 metri presso la costa napoletana, spara sui suoi persecutori, frammista con l'inchiostro, una gran quantità di batteri luminosi. L'effetto è un'abbagliante, disorientante nube luminosa.

Altro non vorrei dirvi, circa l'intelligenza scritta nel Dna di seppie, calamari e polpi. Anche perché, quanto detto, mi pare basti e avanzi per meditare sulla vecchia e noiosa faccenda degli animali che, essendo «istintivi», si comportano in modo meno intelligente di quelli provvisti di grandi capacità di apprendimento. Come se la sapienza degli istinti, così ben collaudata dalla selezione naturale, non contasse niente. Senza dimenticare che polpi, seppie e calamari hanno l'una e l'altra, di intelligenze, e tra loro – anche questo è importante – assai ben equilibrate. Il massimo, insomma.

QUARTA PARTE

L’evoluzione degli animali nella mente umana

La necessità di quest'ultima parte, così diversa dalle precedenti, nasce dal desiderio di conoscere i motivi della nostra comprovata difficoltà di percepire, e poi di comprendere, la varietà di intelligenze che albergano negli animali. Direi perfino che, se non ci fosse questa nostra cecità, anche le prime tre parti sarebbero inutili. Purtroppo, però, è così: noi, più che comprenderli, gli animali li fraintendiamo. Soprattutto li sottovalutiamo.

E i motivi sono tanti.

C'è innanzitutto la nostra tendenza, che penso innata, e purtroppo distorcente, a umanizzarli. Il che, se talora non ce li fa apparire meno intelligenti, comunque attribuisce loro un'intelligenza che non possiedono né che potrebbero possedere, se non altro perché ogni specie è diversa. E ciò, appunto, non fa che offuscare quella diversità di sapienze, innate o apprese, che la vita animale si è andata evolutivamente costruendo.

C'è poi la tendenza, anche questa radicata nella nostra mente, ad attribuire agli animali valori e significati simbolici. E anche questa ce li fa poi leggere, e strumentalizzare, rendendoli spesso vittime incolpevoli della nostra errata attribuzione di caratteristiche in realtà non possedute.

Esiste infine, o almeno è esistita, la consolidata attitudine a negare agli animali non solo ogni forma di intelligenza, ma persino di sensibilità. Quasi fossero macchine. Il che, ovviamente, ci rende poi ancor più facile sfruttarli e maltrattarli senza sentire alcun senso di colpa, alcuna necessità di rispetto.

Gli animali, insomma, oltre che incompresi, finiscono col divenire vittime necessarie e mirate di una mente, la nostra, che ergendosi a modello perfetto e irraggiungibile non accetta di riconoscere lo straordinario valore di doti che consentono a specie diverse dalla nostra di vivere in equilibrio all'interno e al di fuori della specie. Capacità che sempre più dimostriamo di non possedere, se mai un tempo le abbiamo possedute.

Mi piace quindi, a chiusura e insieme a esemplificazione d'un atteggiamento positivo e raro, riportare queste coinvolgenti frasi di Gille Lapouge, tratte dal suo prezioso *L'inchiostro del viaggiatore* (Edizioni Excelsior 1881, Milano 2008).

«Con un po' di fortuna finisco col trovare un colibrì (un *beija-flor*). Pesa quanto un chicco di grano. Contemplo all'infinito, all'infinito, quella creatura minuscola, finché mi immagino tutto ciò che contiene: un cuore con diastole e sistole, nervi, uno stomaco, un cervello, recettori di odori e colori, giovinezza e vecchiaia, occhi estasiati oppure tristi a seconda dei momenti del cielo, piume, riflessi, udito, desideri sessuali, capogiri, dolori, ricordi di fiori e paure di morire. La lezione che mi offre il colibrì vale bene un Graal, senza ombra di dubbio!»

Gli animali cinematografici

Gli animali sono presenti sugli schermi cinematografici fin da quando il cinema è nato e, se studiati attentamente, possono offrirci un materiale impagabile per comprendere i tanti e diversi fraintendimenti che la mente umana manifesta nei loro riguardi.

Fraintendimenti ma, come vedrete, anche pratiche necessità, perché il cinema è soprattutto un'industria in cui anche gli animali devono, a loro modo, essere funzionali al successo, sia esso commerciale o artistico, del prodotto filmico. Devono perciò aderire alle attese, o meglio ancora alle inconsce preferenze, degli spettatori. È soprattutto per ciò che gli animali cinematografici così bene testimoniano come, necessariamente, essi non possono che sottostare a una speciale e conturbante evoluzione. Non c'è, in realtà, animale che, penetrando in uno schermo, non venga sottoposto a una vera, seppure talora occulta, metamorfosi. E che non diventi qualcos'altro.

È perciò possibile parlare di una zoologia parallela, una zoologia fatta su misura per corrispondere a ciò che l'uomo desidera che siano. E siccome anche l'uomo, piaccia o non piaccia, appartiene al regno animale, trovo divertente, oltre che utile, partire trattando di un film di Woody Allen, *La rosa purpurea del Cairo* (1985), dove di animali non-umani non c'è per niente traccia. È un film che ho sempre amato e che – è stato scritto – rappresenta «un film all'interno di un film». In questa pellicola, infatti, viene spiegata, anche se forse nessuno se n'è accorto (forse occorreva l'occhio dello specialista), la strana metamorfosi cui umani e non-umani vanno incontro quando penetrano in uno schermo.

Nella *Rosa purpurea* – riassumo brevemente – vi sono attori che recitano all'interno di un film, e poi vi sono le persone reali, gli spettatori di quel film. Ebbene, a un certo punto un attore, Tom Baxter, esce fuori dal film e – magia del cinema – penetra nella vita vera. Qui si innamora, contraccambiato, di

Mia Farrow, che recita la parte di una donna vera. I due mondi, insomma, lei del «fuori» e lui del «dentro», diventano un tutt'uno, ed è quest'evento che mirabilmente ci mostra tutte le differenze, direi quasi le inadeguatezze, che gli esseri dello schermo hanno evoluto in quel loro peculiare al di là.

Il film è un'affascinante parabola, utile per proporvi questa osservazione: ciò che determina la metamorfosi cui vanno incontro umani o non-umani quando abitano al di là di uno schermo, è il modificarsi delle pressioni selettive cui vengono sottoposti. Non è, infatti, la stessa cosa essere adatti per sopravvivere nella vita vera o, al contrario, all'interno di un film.

Detto del bellissimo film di Allen, voglio ora proporvi un contributo sperimentale. Nel 1999 fui invitato dall'Università di Bologna a fare da relatore esterno a una tesi in Scienze naturali sulla storia e l'evoluzione dei documentari naturalistici. Il laureando era Alessandro Sangiorgi, uno studente assai appassionato di documentari. C'è da premettere che, da quando nasce il cinema, fin da subito prende origine anche quello scientifico. Compaiono, fin dalla fine dell'Ottocento, brevi filmati sulla metamorfosi dal bruco alla farfalla, o sulla nascita di un pulcino dall'uovo. Dai primi del Novecento o forse già dalla fine dell'Ottocento nasce anche il vero documentario naturalistico, e c'è da dire che, probabilmente, erano quelle le uniche pellicole che documentavano nel vero senso della parola. E, come vedremo, c'è un motivo. In quei tempi eroici, infatti, erano i classici esploratori coloro che, spesso in prima persona, giravano con le loro macchine da presa antidiluviane quanto andavano scoprendo. Poi, tornati in sede, stampavano e proiettavano tutto quanto. Erano, quei documentari, dei noiosi polpettoni lunghi ore e ore perché non esisteva ancora il montaggio. Questa assenza, però, era fondamentale perché consentiva agli spettatori di vedere effettivamente quello che avevano visto gli esploratori. O almeno molto più di quanto poi sempre avverrà. C'era infatti, sì, anche allora, una selezione perché quei primi esploratori dovevano forzatamente scegliere che cosa filmare oppure no, ma in confronto all'oggi era davvero tutt'altra cosa.

È avvenuta però, da allora a ora, un'evoluzione straordinaria, perché il montaggio ha assunto una parte sempre più determinante in quella speciale forma di selezione che avviene nell'ambiente parallelo che si localizza al di là dello schermo. Poi, anni dopo, un'altra svolta ancor più determinante fu l'avvento del telecomando. Tale invenzione offrì, e ancora offre, la possibilità, a quelli che producono i documentari, di valutare, minuto per minuto, le preferenze del pubblico, sia come scelta delle specie animali sia dei comportamenti messi in atto. Ciò ha provocato, nell'ambito della produzione dei documentari, una rivoluzione e, anche, una sorta di catastrofe ecologica, con l'estinzione, sullo schermo, delle specie meno gradite. Tanto per dire, prima del telecomando ancora si producevano documentari sui passeri, sulle farfalle, sui pipistrelli, sui ragni, e spesso si trattava di filmati di grande fascino. Ebbene, tutti questi animali sullo schermo non compaiono più perché non sono in grado di reclutare un sufficiente numero di spettatori. Una grande audience la sanno mantenere solo le scimmie, i grandi predatori, gli elefanti, il panda, gli squali e i piranha e pochi altri. Tutto il resto della zoologia si è praticamente estinto provocando un vero e proprio crollo della biodiversità cinematografica. Questa catastrofe l'ho vissuta personalmente svariate volte perché, se in un documentario di cinquanta minuti occorre tagliarne dieci, cosa fatalmente si taglia? Inevitabilmente insetti o altri minuscoli animali, magari rari e interessanti, magari mostranti qualcosa di nuovo e di inedito. Il fatto è che alla maggior parte della gente questi animali non interessano e perciò, catastroficamente, cambia canale. Il che, in sostanza, determina non solo l'esclusiva presenza dei pochi animali-divi, ma anch'essi, obbligatoriamente, devono stare sempre facendo qualcosa di interessante. Un leone, per esempio, in un documentario non dorme mai, oppure non si gratta mai la pancia al sole come sarebbe bello, e veritiero, che facesse. Tre sono, in definitiva, le categorie di comportamenti che il leone cinematografico deve obbligatoriamente mettere in atto. Deve occuparsi di cure parentali, perché i cuccioli piacciono molto, oppure fare sesso oppure ancora essere aggressivo. Insomma, la sua vita non deve aver mai soste. Deve essere spericolata come quella di Steve McQueen versione Vasco Rossi.

Nella nostra analisi, a ogni modo, abbiamo fatto un passo in più, un passo che, in definitiva, è risultato essere una conferma di quanto finora asserito. Abbiamo scelto alcuni degli animali-divi dei documentari presenti in produzioni parallele, inglesi della BBC, statunitensi del National Geographic. Li abbiamo quindi confrontati, minuto per minuto, al fine di misurare le presenze dei vari comportamenti degli animali, determinate dalle supposte esigenze del pubblico inglese e americano. Gli animali erano l'elefante, il leone, l'orso polare, lo squalo – chiamiamolo genericamente così – le iene e il panda gigante. Ebbene, è risultato che non solo gli animali dello schermo non corrispondono, per come spendono il loro tempo, a quelli della natura, ma – e questa è stata la cosa più nuova e interessante – gli animali «prodotti» in Inghilterra per gli inglesi sono quantitativamente diversi da quelli prodotti per gli americani. Nella tesi esistono grafici assai convincenti. Vi do qualche campione: un leone «inglese» per il 10 per cento del suo tempo fa sesso, un leone americano solo per il 2 per cento; per quanto riguarda genericamente l'aggressività, sia intraspecifica che predatoria, gli «americani» hanno un 8 per cento, gli inglesi solo un 2 per cento. C'è poi un'altra informazione interessante, su cui ritornerò, riguardante i cuccioli, dove tra «americani» e «inglesi» c'è pareggio. I cuccioli, evidentemente, piacciono a tutti. La differenza infatti non risulta essere significativa, un 12 per cento per gli «americani» e un 11 per cento per gli «inglesi».

Esiste dunque un meccanismo selettivo che modifica quantitativamente il comportamento degli animali dello schermo, e tale selezione varia, inoltre, a seconda dell'atteggiamento culturale delle popolazioni umane. Insomma, gli animali che nella natura sono evolutivamente plasmati per sopravvivervi, e cioè, tanto per dire, devono essere criptici, avere un sistema respiratorio, sapersi muovere velocemente eccetera, come colonizzano uno schermo vengono selezionati in tutto un altro modo. In questo caso, infatti, per sopravvivere devono mantenere alto il loro indice di preferenza espresso in origine da un pubblico grandissimo. Questa preferenza viene poi percepita dal regista, dal montatore e forse da altre persone specializzate, e ciò che in definitiva risulta è una zoologia fatta di animali che, senza bisogno di essere dei veri mostri cinematografici, non sarebbero comunque mai capaci di sopravvivere in un mondo reale in quanto notevolmente lontani dai modelli naturali per la sopravvivenza.

Questa, secondo me, è la piattaforma conoscitiva da cui partire per tentare di comprendere ciò che piace in definitiva alla gente. Non solo i documentari, infatti, ma anche i film per sopravvivere devono essere venduti, proiettati, visti.

Partendo da quest'ottica, ho così definito un certo numero di categorie, sei per l'esattezza, che illustrerò aiutandomi con pochi esempi. Occorrerà in ogni caso tenere presente che queste categorie non hanno confini definiti e che pertanto spesso si sovrappongono facendo anche sinergismo. Non sempre è, in definitiva, facile segregare l'una dall'altra categoria.

Scopriamo ora come queste categorie si caratterizzano.

1) ANTROPOMORFIZZAZIONE. Occorre innanzitutto dire che gli etologi stanno sempre molto attenti a non umanizzare gli animali. Forte infatti è la tentazione, o forse sarebbe meglio chiamarla tendenza, per buona parte innata e presente in tutti gli esseri umani, ad antropomorfizzarli. È un trabocchetto in cui si casca, oltre tutto, anche per motivi di linguaggio. Non abbiamo, infatti, culturalmente evoluto parole speciali per raccontare le emozioni e i sentimenti degli animali. Usiamo perciò, per loro, le stesse parole e gli stessi concetti che sono sicuramente appropriati per descrivere le nostre emozioni e i nostri sentimenti. Ma, quanto alle loro, chi lo sa? Ebbene, tale mancanza è stata definita impotenza semantica, e non è un'impotenza da poco, anche perché non è per niente provato che se parlo delle emozioni di un coccodrillo potrei usare le stesse parole che userei per una seppia, che tra l'altro è un animale che si emoziona facilmente, come dimostrano i suoi repentini cambiamenti di colore.

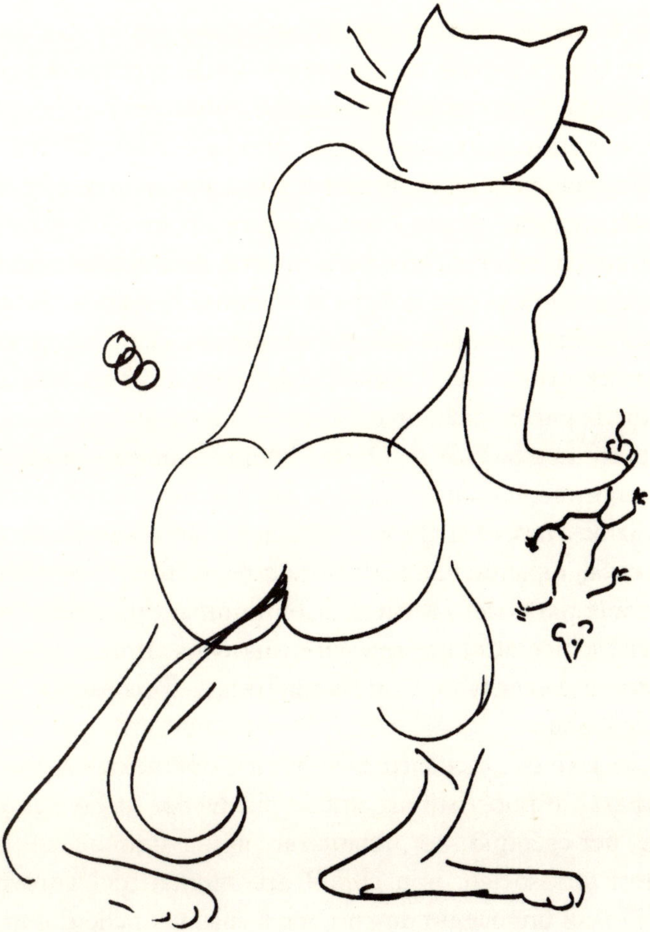

Inoltre – e qui, verosimilmente, si fa sentire un determinismo genetico – sia nei bambini che nelle popolazioni più ingenue e primitive l'interpretazione di un comportamento animale passa sempre attraverso la sua umanizzazione. In realtà, quello di mettersi nei panni dell'«altro», è un meccanismo che entro certi limiti può anche funzionare. Consiste, in altre parole, nel chiedersi: se io fossi in lui, in questa situazione, che farei? Quali sarebbero le mie intenzioni, i miei sentimenti, le mie emozioni? E c'è da dire che, appunto entro certi limiti, può funzionare all'interno della specie, o con specie affini, come potrebbero essere le grandi scimmie. Mentre invece, appunto, perde valore interpretativo ed esplicativo appena ci si sposta, come parentele filogenetiche, un po' più in là. Resta comunque il fatto che, giusta o sbagliata che sia, in un'ottica cinematografica l'umanizzazione degli animali ha il grande pregio di consentire la partecipazione emotiva. E questo già l'aveva capito, perfettamente, Walt Disney che, nei suoi documentari, raccontava con grande successo animali umanizzati. L'umanizzazione faceva sì che noi spettatori facessimo il tifo per la preda, rappresentante il «buono», mentre il predatore faceva la parte del «cattivo». Con l'immancabile lieto fine, perché lo scoiattolino «buono» riusciva sempre a sfuggire al serpente «cattivo». Con buona pace dell'ecologia e delle reti trofiche.

Chiaro è che, nei cartoni animati, l'operazione antropomorfizzante può risultare ancor più facile. In *Zeta la formica*, per esempio, per umanizzare al massimo questi imenotteri ultrasociali, non ci si è accontentati del fatto che parlino col linguaggio umano, ma li si sono anche dotati, al posto delle tre paia di zampe proprie di tutti gli insetti, di due braccia e due gambe, esattamente come gli uomini. In *Nemo*, invece, c'è stato sì un bel ritocco infantilizzante, ma in definitiva è il linguaggio umano e il modo di ragionare che soprattutto umanizzano i protagonisti di questo cartone di enorme successo.

Un altro animale cinematografico, questa volta in carne

e ossa, che è diventato, negli anni Cinquanta-Sessanta, un mito, è stato *Francis il mulo parlante*. Infine un altro caso, più interessante perché qui l'umanizzazione è più sottile, è quello di *Furia cavallo del West*. Furia aveva un'intelligenza non solo mostruosa ma, soprattutto, decisamente umana. Ragionava proprio come avrebbe fatto un uomo, ed era dotato d'un senso morale anch'esso molto umano. Insomma, era proprio quella che potremmo definire «una brava persona» cui, per usare ancora una frase fatta, «mancava solo la parola». Il montatore, comunque, incollando insieme frammenti di pellicola, non solo la faceva assentire facendole muovere la testa su e giù (il che, nel comportamento equino è invece un segno di aggressività), le faceva poi, sempre col montaggio adatto, dire di no, e infine le faceva, con una zampa alzata, indicare dove dovevano precipitarsi gli eroi umani per salvare un bambino sequestrato, e così via. Ebbene, ciò che maggiormente disturba, in queste illecite manipolazioni, è che l'animale viene completamente snaturato. Un animale, tra l'altro, che ha una sua bella intelligenza e sensibilità equina. Ma tutto ciò, purtroppo, non viene raccontato. L'animale viene soltanto omologato all'interno di un'umanità in qualche modo artatamente allargata. E gli stessi commenti potrebbero farsi per Lassie, quello di «Torna a casa...». La popolarità di questo mitico cane è stata tale che per un lungo periodo la sua razza, il pastore scozzese, aveva cambiato nome. Quei cani li chiamavamo Lassie come quel divo a quattro zampe. E anche oggi c'è chi li chiama così.

2) INFANTILIZZAZIONE. Un altro aspetto che va in parallelo con l'antropomorfismo è l'infantilismo. Infatti, così come

tendiamo a umanizzare gli animali, ancora istintivamente tendiamo a gradire molto, e quindi a preferire, i loro segnali infantili. Segnali che ha scoperto Lorenz e che sono caratteristiche fisiche e comportamentali, proprie dei cuccioli di mammiferi e dei pulcini degli uccelli, che noi umani sappiamo istintivamente percepire. Tutti noi infatti cogliamo, senza bisogno di essere degli etologi, se un uccello o un mammifero sono adulti oppure no. E sempre preferiamo gli individui con caratteristiche infantili, come i grandi occhi, la testa bombata, il muso o il becco corto, le orecchie in giù e non appuntite, le gambe tozze e corte, per non parlare degli aggraziati e spesso giocosi comportamenti dell'infanzia. Mi ricordo che negli anni Sessanta venne pubblicata un'analisi assai interessante intitolata *Evoluzione di Topolino verso la neotenia*, dove si dimostrava che l'antropomorfico topo disneyano quando comparve sugli schermi non era per niente infantile. Aveva gambette sottili, occhi piccoli, testa non particolarmente grande né bombata e, in generale, era piuttosto antipatico e dispettoso. Poi, negli anni, si è sempre più infantilizzato, e ciò è stato determinante per il suo crescente e universale successo. Bisogna dire che i grafici della Disney hanno imparato bene la lezione.

Altro esempio istruttivo è la Cita di Tarzan, un cucciolo di scimpanzé che fa, per i motivi detti prima, la parte di un adulto. Senza contare che i giovani scimpanzé, oltre a essere più simpatici, sono più facilmente addestrabili, meno pericolosi, più giocosi e creativi degli adulti.

Ultimo caso, che ho studiato personalmente, è *L'orso* di Annaud, del 1988. È un bell'esempio di mescolamento di infantilismo e antropomorfismo. C'è intanto da dire che la storia, dal punto di vista naturalistico, non sta assolutamente in piedi. Tratta di un orsacchiotto che, ferito da un cacciatore che gli ha, tra l'altro, ammazzato la madre, viene così (in modo totalmente inverosimile) adottato dal padre. Per rendere più infantile l'orsacchiotto, nel film si è calcata fortemente la mano sulle vocalizzazioni. Quell'orsacchiotto non stava mai zitto e, se davvero si fosse trovato in natura, con tutti quei suoi guaiti penosamente pseudoumani non sarebbe sopravvissuto a lungo ai predatori. In quanto al padre, l'orso maschio non fa mai cure parentali. Semmai, se dei cuccioli gli girano intorno diventa infanticida. Quel padre, invece, era anche lui una «brava persona», anzi bravissima, e così curava con affetto la ferita del suo ragazzino, gli offriva per pranzo e cena ottimi salmoni appena pescati. Insomma, si trattava di una storia insieme edificante (per quelli che di zoologia non sanno niente) e talmente falsa da giungere, spudoratamente, persino a raccontarci che quell'orso perdonava il cacciatore. Ebbene, il film piacque moltissimo e ciò ce la dice lunga non solo sulla scarsa cultura naturalistica generale, ma anche di come gli esseri umani rispondono positivamente a quel cocktail imbattibile che è l'antroporfizzazione ben miscelata con l'infantilismo.

3) SIMBOLIZZAZIONE. Gli animali hanno sempre evocato nella nostra mente interpretazioni di tipo simbolico. L'aquila è simbolo di lungimiranza, la volpe d'astuzia, il ghiro di pigrizia... ce n'è per tutti i gusti e, comunque, gli esempi migliori di una lettura simbolica della zoologia si trovano nei bestiari medievali. C'è stato un periodo, nel Medioevo, in cui gli animali, a forza di venir fraintesi, venivano processati e, in alcuni casi, anche condannati alla tortura o a morte.

Nel cinema gli animali si prestano egregiamente a simbolizzare vizi e virtù umani o non umani. Il toro, per esempio, specialmente quello della corrida (*Sangue e arena*), rappresenta la forza bruta e irriflessa, e lo stesso animale l'abbiamo incontrato, sempre simboleggiante il male, lottare con Ercole. E lo stesso vale per *Lo squalo* di Spielberg e per il *Moby Dick* di Huston e, in ambedue i casi, in contrapposizione c'è l'eroe buono, intelligente e spirituale. Ciò che di più impressiona è come sempre che ciò che è istintivo e naturale venga immancabilmente letto come un qualche cosa di brutto, di cattivo, di degradato. Insomma, scarsa conoscenza della natura e insieme ipervalutazione della «bontà» e dell'«elevatezza» del comportamento umano.

4) ESAGERAZIONE. Giocare sul valore simbolico spesso si abbina (e qui slittiamo nel territorio dei veri mostri cinematografici) al gusto di prendere all'inizio una caratteristica naturale, solitamente già da subito travisata, per poi esagerarla. King Kong, per esempio, è soprattutto uno scimmione immenso, incommensurabile e, nell'idea originaria, terrifico. Ma King Kong è anche un mostro assai particolare, perché una volta conosciuto a fondo suscita ambivalenti sentimenti (una strana e peculiare evoluzione all'interno del film), facendoci sì paura ma anche tenerezza. È proprio per ciò che ci commuove, come sempre avviene per questi «cattivi dal cuore d'oro», maestri inconsapevoli di conflittualità motivazionali. L'invenzione del mostruoso scimmione, a ogni modo, è, proprio per l'alternarsi di sentimenti contrastanti che induce negli spettatori, un'operazione assai raffinata. Non sempre avviene così, però, con le esagerazioni cinematografiche, siano esse corporee o

comportamentali. Ricordo le ben più banali api assassine, o i piranha, oppure i dobermann, tutti raccontati soltanto esagerando le loro reali o presunte caratteristiche negative. Voglio infine citare, della stessa compagnia di giro, *Aracnofobia*, una pellicola infestata da ragni assolutamente terrorizzanti. Lo faccio per questo motivo, perché Irene Bignardi, scrivendone la recensione per *L'Espresso*, produsse questa non banale considerazione: «Il rischio vero è che gli spettatori più piccini, dopo aver visto questo film, non osino più mettere piede in un ambiente naturale». Faccenda davvero inquietante. O no?

5) INGEGNERIA GENETICA. Sono a tutti note le realizzazioni di questa branca moderna e applicativa della genetica. Parlandone in campo cinematografico il riferimento è ovviamente solo per analogia (dall'evoluzione biologica a quella culturale). Così, e in quest'ottica, possiamo immaginarlo come l'effetto di una mutazione indotta o, chissà, forse anche come il risultato di un organismo geneticamente modificato per l'innesto di qualche gene estraneo, quel sorprendente uomo-non-più-uomo di colore verde che è *L'incredibile Hulk*. E certamente è una strana e sconvolgente metamorfosi, indotta da chissà quale mutazione, quella cui va incontro *La mosca*, orripilante dittero cinematografico ormai non più soltanto dittero, almeno nelle intenzioni, mentre sono analoghe a ibridazioni altrimenti non realizzabili se non dalla più audace ingegneria genetica quelle degli omoni con le branchie di *Waterworld*, dell'uomo-ragno oppure delle tante sirene che popolano gli schermi. Si tratta, in quest'ultimo caso, di geni di pesce innestati in un primate? Se hanno trapiantato dei geni di carota in una capra po-

trebbe anche essere. Oppure, in alternativa, si tratta di un innesto interspecifico? Infine, restando nella categoria delle ibridazioni, merita ricordare l'affascinante centauro Chirone della *Medea* di Pasolini, mirabilmente interpretato da Laurent Terzieff.

6) SPAESAMENTO. È una categoria di cui quasi nessuno si accorge a causa di quella cultura naturalistica ormai quasi

totalmente assente tra gli spettatori generici. In particolare della zoogeografia, la disciplina che studia la distribuzione geografica degli animali. È così assai frequente che gli animali vengono scelti a caso e per pura comodità, e altrettanto a caso vengano piazzati in ambienti e situazioni che non li riguardano. Ricordo un *Tarzan*, in cui tra l'altro compariva una strepitosa Bo Derek, dove c'era, in un'Africa quanto mai hollywoodiana, un gruppo di primati composto da scimpanzé, e fin qui va bene, ma tra questi faceva bella mostra di sé un orango che, essendo asiatico, non avrebbe sicuramente dovuto esserci. Sarebbe come se, tra i tanti indigeni africani, fosse comparso, senza alcun motivo apparente e senza spiegazione, un eschimese. Si grida tanto allo scandalo (e giustamente, intendiamoci) quando in un film storico compare un antico romano con l'orologio al polso, eppure di quello spaesatissimo orango non si è proprio accorto nessuno.

Curioso è poi il caso di una scimmietta sudamericana, il cebo cappuccino, che per comodità è sempre stato utilizzato dai cineasti americani. È infatti facile da procurare e poi è un animale molto docile, simpatico, intelligente e collaborativo. Particolarmente addestrabile perciò. Così, come nascono le prime comiche, questa scimmietta è la prima a comparire. La si trova poi in numerosi film moderni, dove sempre interpreta, genericamente, «la scimmia». Eccola dunque, per esempio, in *Casablanca* e nei *Predatori dell'Arca perduta*, pellicole certamente non ambientate in Sudamerica, e in chissà quanti altri film sarà comparsa e ancora comparirà.

Giunto al termine della rassegna spero d'aver dimostrato che gli animali, penetrando in uno schermo cinematografico, vengono sottoposti a un peculiare e complesso processo evolutivo che, nel suo interno, si diversifica e si frammenta in varie tipologie riconoscibili e classificabili. Tale processo è determinato da pressioni selettive prodotte unicamente dalla mente umana. Se, a ogni modo e per assurdo, questi animali cinematografici dovessero, come il Tom Baxter della *Rosa purpurea del Cairo*, uscire dallo schermo e tornare a vivere nel mondo reale, le nuove caratteristiche acquisite li renderebbero totalmente inadeguati e, in definitiva, inadatti per la sopravvivenza.

Il processo evolutivo descritto, seppure in modo decisamente inconsueto se raffrontato con altri casi noti di evoluzione culturale, principia pur esso, ed esclusivamente, negli spazi della mente e della cultura umana. E, pure nell'ambito zoologico, il meccanismo mitopoietico proprio dell'arte cinematografica manifesta tutta la sua forza producendo costellazioni di personaggi mitici non-umani. I pigmalioni di Hollywood, gli stessi che affermavano che c'erano più stelle nei loro stabilimenti cinematografici che in cielo, ben sapevano che alcune di quelle «star» erano King Kong, Lassie, Furia e tanti altri, e altri ancora brilleranno in quel cielo hollywoodiano, perché questa strana evoluzione non mostra alcun segno di declino.

Raffaello e Leonardo – il cardellino e l'ermellino (o piuttosto era un furetto?)

Se c'è di mezzo l'uomo qualche simbolo salta fuori sempre. State a sentire. Recentemente, era il 23 novembre 2008, a Firenze venne nuovamente esposto al pubblico, dopo un ultimo essenziale restauro, un celebre dipinto di Raffaello realizzato nel 1506. Quello da tutti conosciuto come *La Madonna del cardellino*. Ebbene, su quel dipinto personalmente denominato, rovesciandolo per professionale deformazione, «Il cardellino della Madonna», ho fatto alcuni più o meno semplici pensieri. Sui valori simbolici ma anche su altro.

Il primo pensiero è questo: quell'uccellino è, nell'economia generale del quadro, fondamentale. Osservate l'opera e poi ponetevi questa domanda: quanti sono i dipinti, tutti bellissimi, di Madonne? Moltissimi. Eppure solo questo, bello tra la gran massa di altrettanto belli, trova un suo straordinario specifico, cioè la sua diversità, per non dire unicità e, soprattutto, inconfondibilità, proprio in quell'uccellino variopinto piazzato là nel centro dell'opera. Quel cardellino è come un fulcro intorno a cui tutto gira, figure umane e paesaggio. È insomma l'elemento che, con la sua presenza (e indiscutibile bellezza), regala al quadro identità ed equilibrio.

Secondo pensiero: un gemellaggio. Sostengono gli esperti che in quel dipinto «emerge la lezione di Leonardo». E il gemellaggio è, secondo me, con «L'ermellino della Dama» (titolo anch'esso da me rovesciato). Anche per quest'altrettanto, se non più celebre dipinto, eseguito verosimilmente nel 1478, si possono infatti proporre le medesime considerazioni quanto a specificità, unicità e soprattutto – ripeto – riconoscibilità. Che la lezione di Leonardo emerga pure da questo zoologico artifizio? Personalmente non avrei dubbi.

L'ultimo pensiero, infine, gira intorno al valore simbolico che sempre viene attribuito al cardellino a far capo dai bestiari medievali. Questo uccellino, infatti, cibandosi dei semi degli spinosissimi cardi, col suo fare richiama, in chi ama i simboli, le spine della corona di Cristo. Così almeno viene sempre ribadito. Nelle mani poi di quei bambini cicciottelli, di cui uno rappresenta Gesù bambino e l'altro san Giovannino, per tradizione viene letto, sempre da chi coi simboli va a nozze, come una premonizione di quanto poi, tragicamente, avverrà. E a questo punto sarei davvero curioso di sapere quanto sia stato importante, nella scelta di Raffaello, il desiderio di inserire nella sua opera un messaggio simbolico e quanto invece quello, più umanamente comprensibile soprattutto per la mente di un artista, di piazzare strategicamente nel cuore della sua opera, a puro scopo di bellezza, quel piccolo, variopinto capolavoro della natura.

Ai tempi di Raffaello, in verità, gli uccellini da tenere in casa per puro piacere praticamente erano tutti tratti dalla natura, poveretti loro, giacché il canarino delle Canarie aveva appena iniziato il suo lungo tragitto verso l'«addomesticamento». Un cardellino era perciò presente in molte abitazioni, preferito agli altri uccelletti sia per la bellezza del canto che per quella del variopinto piumaggio. Era il «cardillo» che, nella cultura popolare, divenne poi protagonista di tante canzoni. Quello che «vola vola vola», o «lu cardillo 'nnammurate» che, prigioniero solitario, lancia triste il suo messaggio d'amore. Questa dell'infelicità, però, è soltanto una lettura moderna. Vero è che, se con gli occhi della mia mente, appunto moderna, faccio vivere la scena del dipinto concentrandomi sul povero uccellino, costretto nelle mani dei due bimbetti, siano pure Gesù bambino e san Giovannino, non posso che immaginarlo, il cardellino, mentre disperato si divincola nel vano tentativo di volar via. E intanto, col carattere indomito che ben gli conosco, accanito tormenta col suo becco affilato e tagliente quelle paffute mani infantili.

Che gliene importa a lui, potremmo chiederci, del valore simbolico che noi umani gli abbiamo appioppato? O bella madonnina raffaellesca, lo sai che oggi molti sarebbero a sgridarti (*quorum ego*) se, indifferente come allora, tu ancora permettessi a quei bimbi innocenti di torturare un povero uccellino?

Diciamo ora del dipinto leonardesco denominato *La Dama con l'ermellino*. Era vivo secoli fa, quell'ermellino, ma il miracolo della pittura lo mostra a noi, che quando anni fa tornò per un breve periodo in Italia siamo corsi tutti ad ammirarlo, ancora vivo e vitale, e fremente come deve essere ogni mustelide, ma insieme attento (e qui sta il mistero) e quieto. Perché lui, il piccolo selvatico, sta nelle braccia di Cecilia Gallerani, la Dama, appunto quietamente, quasi fosse un fiducioso animale domestico. Non spaventato, inquieto e ribelle come il «gemello» cardellino.

Così Leonardo dipinse l'ermellino. E osservandoli, lui e la Dama, trovo, e mi pare di intuirne il significato, un'inquietante rassomiglianza di atteggiamenti e di espressioni. Il viso bello di Cecilia è, infatti, ritratto di tre quarti come quello del piccolo animale, gli occhi grandi lievemente a mandorla (lo sguardo oltre lo spazio) sono di lei quanto di lui. La femminile e forte mano destra, nervosa e, per come è posta, un po' contratta, trova corrispondenza perfetta nella zampetta sinistra dell'ermellino. E questa sintonia, mi pare, dona bellezza e significato.

Quale significato, però? La mia curiosità per gli animali pone ancora domande, suggerisce ipotesi inconsuete.

La prima non è soltanto mia: quell'ermellino è veramente un ermellino oppure si tratta di un suo, più conveniente, analogo?

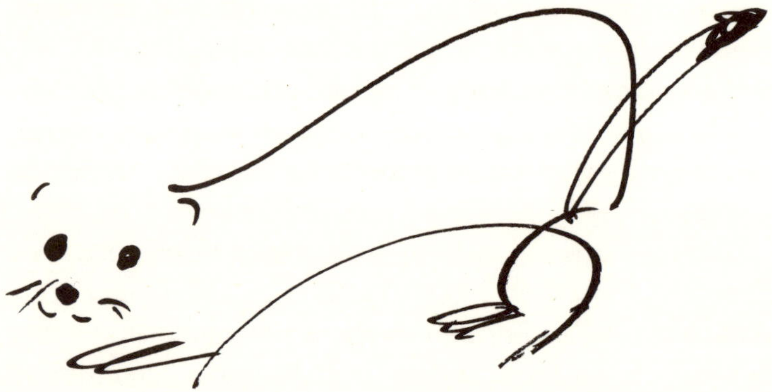

Se si desidera attribuire un significato simbolico alla presenza dell'animale, allora sì, è un ermellino. Altro non potrebbe essere. All'epoca – lo attestano i bestiari – il candido mustelide era simbolo di purezza, castità, ma soprattutto di equilibrio, la virtù di chi sta nel giusto mezzo. Si ritiene, in base a ciò, che Leonardo lo accostò a Cecilia proprio per farla apparire come dama «moderata e virtuosa».

Eppure lo stato specifico dell'ermellino leonardesco è stato sovente messo in dubbio. L'animale sembra bianco, comunque chiaro (gli allevatori dicono quella sua tinta appena velata di giallastro, che poi sarebbe un bianco sporco, «color Isabella»). Qualcuno ha nominato la donnola, non saprei dire perché, oppure il furetto. In realtà non è facile distinguere i mustelidi soprattutto nei dipinti, perché tutti più o meno si somigliano.

Ecco così il mio pensiero, forse la mia fantasia. Leonardo voleva effettivamente dipingere Cecilia con un ermellino per il contenuto simbolico che la sua presenza attribuiva alla dama, ma gli ermellini erano, e sono, esseri sempre selvaggi e mordaci. È impossibile tenerli in braccio tranquilli. E allora ha scelto come modello un animale domestico, un furetto. Una «controfigura».

Fantasticando immagino Leonardo che presenta a Cecilia il delizioso animale, quieto, dolce e giocoso. Immagino Cecilia che s'invaghisce del mustelide color Isabella, lo vezzeggia, gli regala bocconcini, gioca con lui. Sarà stato così?

Pittori animali

Tanti anni fa fui per alcuni giorni ospite di Desmond Morris a Malta, dove teneva, nella sua bella casa, una collezione di dipinti fatti da scimpanzé. Arte o non arte, quei quadri erano affascinanti e, soprattutto, in essi si leggeva, oltre che uno stile, anche la mano dei loro autori non umani.

Fu Morris, nel suo *Biologia dell'arte* (Bompiani, Milano 1969), a teorizzare che, nella storia umana, il disegno e la pittura, più che a rappresentare il bello, nei tempi più antichi rispondessero alla pressante esigenza di esprimere utili contenuti descrittivi. Si capisce: allora non c'era la fotografia. Soltanto con il suo avvento si affermò, non casualmente sostiene Morris, l'arte astratta. Si magnificò, con ciò, quel condensato ludico ed esploratorio già intuibile sia osservando il comportamento di quei pittori molto, ma molto, Preraffaelliti che sono i suoi scimpanzé, sia ammirandone direttamente le affascinanti, o meglio ancora intriganti, opere. Curiosità e gioco intesi come attività autorimuneranti, che trovano cioè la loro ricompensa nel piacere stesso di essere messe in atto. Un nobile specifico, certamente, d'ogni espressione artistica. E siccome nelle scimmie in genere e negli scimpanzé in particolare l'esplorazione giocosa è propria ed esclusiva dell'infanzia, mentre nella nostra specie la si ritrova anche allo stato adulto, la differenza tra quei primati e noi veniva letta come uno dei segni di una nostra avvenuta infantilizzazione o, se volete, neotenia.

Risulta in ogni caso perlomeno arduo attribuire un senso estetico agli animali. Morris batté soprattutto la strada dell'omologia: la nostra parentela con le scimmie. Un'altra strada, volendo, potrebbe essere quella dell'analogia, e riguarda gli uccelli, che si assimilano a noi per affinità sensoriale (la vista e, volendo, anche l'udito, se si estende il discorso alla musica). Per restare alla vista, ben sappiamo che da sempre il genere umano si è ornato con penne e piume. Basta pensare al boa di piume delle soubrette, alla deamicisiana maestrina dalla penna rossa. Quanto al sesso maschile, ci sono, fieramente pennuti, i bersaglieri, gli alpini, i pellerossa. Insomma, sappiamo coglierlo tutto il fascino di quegli ornamenti.

Le penne, è vero, servono per il volo, le piume scaldano,

ma c'è qualcosa in più. Se siamo affascinati dagli uccelli è per la bellezza delle loro penne e dei loro canti. Anche evidente è che ciò che è attraente per noi lo è anche per loro. È attraente per loro perché si è evoluto proprio per essere tale. I canti armoniosi, gli splendidi colori, hanno infatti, nell'ambito delle specie alate, funzione attrattiva, e ad accomunarci è il fatto che uomini e uccelli condividono, come sensi principali, la vista e l'udito. Un'importante convergenza: ciò che piace a loro piace anche a noi.

Ecco allora che, con la selezione sessuale, le femmine degli uccelli evolutivamente costruiscono, scegliendo sempre il maschio più attraente, quei quadri viventi che sono il pavone e l'uccello del paradiso o, per tornare all'udito, quella sublime fonte di godimento acustico che è l'usignolo. Quanto a noi, avvertiamo quella bellezza e, dall'esterno, ne profittiamo.

La ricerca delle antiche origini dei nostri comportamenti ben si confà con una scienza comparativa com'è l'etologia. E che c'è di scandaloso (con tutto il rispetto per la sacralità dell'arte) nel condividere con certi nostri parenti, le scimmie, il piacere di una ludica esplorazione? Tanto più che per loro tutto è rimasto lì, sul piano di un'infantile ingenuità; solo noi abbiamo sviluppato una cultura artistica diversificata per manifestazioni, stili, significati.

È curioso che, nella storia parallela degli uccelli, si possa fare un analogo discorso ripescando, in questo caso, il comportamento addirittura di fossili. In Cina si sono infatti scoperti, in gran numero, piccoli dinosauri provvisti di penne differenzianti i sessi. Si è così ipotizzato che già funzionasse, in quei diretti antenati degli uccelli, una scelta sessuale basata sul senso estetico.

Insomma: ognuno ha i suoi predecessori. Se siamo come siamo non è che questi, nel bene come nel male, non c'entrino per niente. Talvolta c'entrano.

Ho raccontato, fin qui, due storie ormai, almeno in ambito scientifico piuttosto risapute (e vi ho risparmiato quella, altrettanto interessante ma anch'essa fin troppo nota, degli uccelli giardinieri). Recentemente, però, il panorama degli animali che dipingono si è allargato ad altri due casi assai curiosi, perché chiamano in causa, nientemeno, che un cavallo e un'intera scuola, o bottega, di elefanti indiani.

Dirò che, sentendo ancora parlare di questa categoria di animali umanamente sapienti, mi è venuta un po' d'irritazione. Mi sono infatti, per l'ennesima volta, ripetuto la stessa domanda: possibile che, per dimostrare che gli animali sono intelligenti, dobbiamo per forza convincerli a far qualcosa che facciamo anche noi? In qualche modo, insomma, a snaturarli? Come se essendo solo se stessi non riuscissero a dimostrare la loro intelligenza.

Non se ne può più: o gli animali li umanizziamo oppure non ci interessano abbastanza.

Poi, lo confesso, su questi due casi ho un po' cambiato idea. O forse più di un po', se non altro per il primo. Ma parliamo dei fatti, innanzitutto.

Il cavallo si chiama Cholla, vive in Nevada ed è lo splendido figlio, ventitréenne, di uno stallone mustang e di una giumenta quarter horse. Quanto al dipingere, lo fa, pensate un po', tenendo in bocca un pennello intinto di colore e tracciando dei segni su un foglio bianco posato alla giusta altezza su un cavalletto.

Sono artistici i suoi quadri, che pure un certo fascino ce l'hanno? E chi lo sa?

Io no di certo, ma pare che siano, se non altro, indistinguibili almeno da certa effettiva pittura astratta umana. Tant'è che, tenendo incognita la specie, Cholla ha ottenuto premi e riconoscimenti. Non credo però che ciò significhi un gran che. E ciascuno tragga, al proposito, le conclusioni che preferisce.

Saputo tutto ciò, e in partenza maldisposto com'ero, ho però voluto, così, per pura curiosità, approfondire. Ed è stato appunto quest'approfondimento che mi ha fatto cambiare un po' idea su quel cavallo.

Cholla infatti l'ho ammirato, in alcuni filmati o sequenze fotografiche, galoppare libero sullo sfondo di luminose montagne innevate. Poi anche dipingere, avvicinandosi volontariamente al cavalletto. Prendeva in bocca il pennello e spontaneamente tracciava i suoi segni. Il comportamento più stupefacente è una sequenza in cui Cholla, che inizialmente aveva malamente trattenuto tra le labbra il pennello, tutto di sghembo e perciò praticamente inutilizzabile, si è spontaneamente messo a rigirarselo in bocca e, agendo di lingua, di labbra e di denti, l'ha finalmente ben posizionato. Ed è stato solo a questo punto che ha dato inizio alla sua ingenua opera pittorica.

Non è una cosa da poco, credetemi, questo comportamento. Sembra indicare consapevolezza e intenzionalità, perché il cavallo agisce senza essere minimamente costretto. Lo fa perché – almeno così sembra – lo vuole fare.

Cholla non si comporta come un cavallo ammaestrato, e così anche sostiene la sua proprietaria Renee Chambers. Probabilmente ha iniziato a fare quel che fa per gioco, assecondando inizialmente un curioso tentativo della sua padrona e traendone poi un qualche tipo di rimunerazione.

Del caso ho recentemente discusso con Patrizia Carrano, che i cavalli li conosce assai bene, e lei ha concordato con l'idea del gioco. Mi ha informato che, in certe scuderie, i cavalli hanno a disposizione, per sconfiggere la noia, una palla con un manico attaccata a una parete del box. Con questa giocano spesso prendendola in bocca e dimostrando notevole abilità manipolativa, se così si può dire.

Insomma Cholla, soprattutto a paragone di tanti altri cavalli mal trattati, può venir considerato a suo modo un cavallo felice. E questo, per me almeno, è importante. Il suo caso, forse, potrebbe perfino essere analogo a quello degli scimpanzé pittori, cioè motivato, e autorimunerato, dallo stesso comportamento ludico-esploratorio che l'animale mette in atto. Senza contare che potrebbero anche esserci, o esserci state, altre rimunerazioni: uno zuccherino, una carota, perfino una lode o una carezza. Perché anche queste contano.

C'è, è vero, il fatto che Cholla non è, da molto tempo, più un puledro, e il gioco, invece, dovrebbe essere un'attività infantile o se non altro giovanile, ma in realtà non sempre è così: i cani, ben lo sapete, giocano anche da adulti e, a quanto pare (sostiene sempre la Carrano), anche i cavalli. Dunque, a proposito di questa possibile obiezione, tutto a posto.

Veniamo ora al quasi incredibile caso degli elefanti pittori, che sono della specie asiatica *Elephas maximus*. Anche questi li ho visti in azione in un filmato. E meno male che li ho visti, perché altrimenti, forse, ora non avrei il coraggio di scrivere di loro.

Erano almeno quattro o cinque e, in un bel giardino in Thailandia, se ne stavano tutti intenti, ciascuno per suo conto, a dipingere. Anche loro erano di fronte a un cavalletto e, trattandosi questa volta di elefanti, ognuno teneva il suo bravo pennello con la proboscide. E lo faceva, così almeno mi è parso, con qualcosa di simile a un'umana presa di precisione.

Già, perché questa volta, davvero, gli animali-pittori, oltre a una mente veramente fina, possiedono anche uno strumento naturale che sembra fatto apposta per dipingere, appunto la proboscide. Stranissimo «quinto arto» a tutti noto, perché gli elefanti sono popolarissimi. Forse non tutti, però, l'hanno visto all'opera.

La proboscide infatti non è un arto qualsiasi, se non altro perché è decisamente multiuso. È una sorta di braccio snodabile terminante con un qualcosa di analogo a una mano assai sensibile. In origine era un naso, poi si è progressivamente allungato e si è fuso con il labbro superiore ed è diventato una struttura veramente unica. Continua a svolgere la primaria funzione olfattiva e respiratoria, ma soprattutto si è trasformato in uno straordinario organo prensile. In natura è un'efficace arma di difesa, di offesa e di raccolta, nonché di comunicazione tattile e visiva. In cattività, se richiesto, sa sia sollevare da terra, con precisione e delicatamente, una moneta sia, usando questa volta la forza, sistemarsi sul dorso, assestandoli opportunamente, carichi pesantissimi.

Davvero formidabile, dunque, l'evoluzione di questo naso, e poi c'è la mente, ed è proprio questa accoppiata – il braccio e la mente – che ha consentito ai pacifici pachidermi thailandesi di divenire gli unici pittori figurativi non-umani.

Quegli elefanti, infatti, proprio quei quattro o cinque che, quietamente intenti in un giardino, ho visto dipingere, con pochi tratti sanno raffigurare, più che decentemente, addirittura se stessi.

Autoritratti? Forse, sicuramente ritratti di elefanti.

Mi pare, poi, che dipingessero anche qualcos'altro. Mazzi di fiori? Sì, anche questo facevano, con stile questa volta macchiaiolo. Ma soprattutto disegnavano elefanti.

L'impressione, a ogni modo, era quella di un lavoro assai ripetitivo, diligente ma piuttosto artigianale, forse per loro noioso. Senza quel tocco di creatività e di ludico che invece caratterizza le opere astratte degli scimpanzé di Morris e che ho creduto di intuire perfino in quelle di Cholla. Tutta un'altra cosa, insomma.

In questa elefantesca bottega pare che l'artista, o l'artigiana, migliore sia una femmina di sei anni di nome Hong. Sarebbe lei, si suppone, la caposcuola del gruppo. E, come ho già scritto, la quieta compagnia disegnante in quel giardino convogliava l'idea, o almeno la sensazione, d'essere entrati in una quasi inimmaginabile bottega di pittori, di quelle che si studiano nella storia dell'arte. Solo che questi avevano la proboscide.

C'è da dire, a commento finale, che gli elefanti, così come gli scimpanzé, sono animali selvatici, cioè non addomesticati, il che significa che non hanno subito un processo evolutivo che li ha resi geneticamente diversi dai loro progenitori che vivono in natura. Sono semplicemente animali costretti, con metodi non sempre dolci, a vivere con l'uomo. Eticamente, perciò, il loro uso per questi spettacoli che, oltretutto, non ce li mostrano per quello che realmente sono, potrebbe essere assai discutibile. Certo Morris usava animali dello zoo di Londra, e forse questi, dipingendo, un poco si svagavano. E indubbiamente li trattava bene. Quanto a questi elefanti thailandesi, anch'essi danno, se non altro, la sensazione di fare un lavoro tutto sommato migliore di tanti altri che, altrimenti, sarebbero costretti a fare.

Insomma mi è difficile, anche considerando l'interesse scientifico che questi esercizi sicuramente hanno, dare un giudizio etico su questa strana storia degli animali-pittori. Lo lascio, così, in sospeso, convinto come sono che, da un lato, c'è sicuramente di peggio, mentre dall'altro che, altrettanto sicuramente, potremmo farne benissimo a meno di questi nostri pseudo-emuli.

Ultima annotazione, di carattere aneddotico. Quei giorni passati a Malta con Desmon Morris fruttarono un filmato girato per la Rai da Riccardo Fellini, che fu un eccellente documentarista e che forse ricorderete ne *I vitelloni*, dove interpretava Riccardino, il simpatico vitellone tenore. Il documentario, ovviamente, riguardava la *Biologia dell'arte* e, tra i tanti intervistati, c'era anche Dino Buzzati, che al proposito fu davvero lapidario. Liquidò l'intera faccenda con sole due parole: «Tutte sciocchezze». Superfluo ogni commento.

Il kamasutra delle libellule

Il kamasutra è un manuale, fantasioso e antico, in cui tutta l'immaginazione umana si è messa in moto per raccontarci le possibili (e anche le impossibili) varianti del nostro modo di far sesso. Un fatto, pertanto, che parrebbe esclusivamente nostro, ma sta a vedere che non è così. C'è infatti chi ora, purtroppo, parla e scrive, e non senza malizia fotograficamente documenta, del kamasutra delle libellule, che per accoppiarsi si contorcono in spettacolari acrobazie. E poi di quello delle chiocciole, delle lucertole e via discorrendo. Ma sarà così? C'è davvero qualcosa di sensato in questa bizzarra analogia?

Per capirci qualcosa occorre, ancora una volta, partire dalla nostra specie, che appartiene sì al regno animale, ma che è assai diversa da tutte o quasi le altre viventi. Uno specifico che, riguardo al sesso, ci contraddistingue, è che noi umani siamo disponibili ad accoppiarci anche al di fuori dei periodi fecondi. Il che, come minimo, c'informa che il nostro sesso è, biologicamente parlando, non solo riproduttivo. Bella scoperta, si potrebbe dire, considerato il nostro numero medio di figli e la quantità di volte in cui ci accoppiamo. E qui, su questo tanto sesso non riproduttivo, si sono scatenati un po' tutti. Dai religiosi che lo considerano un peccato (ma pensa un po') agli antropologi che ci spiegano questa sovrabbondanza di copule con la funzione di tenere insieme la coppia, con le tante conseguenze positive che poi ne conseguono, a Tinto Bras che ha coniato il divertente termine di «sesso ricreativo». Non poi così sbagliato, a ben pensarci.

Detto di noi, e forse anche dello scimpanzé pigmeo, che è quello che maggiormente ci assomiglia, c'è poi, dall'altra

parte della barricata, l'immensa quantità di altre specie, milioni e milioni, per le quali il sesso esiste solo, quando esiste, in funzione della riproduzione della specie. Ed è allora che scopriamo che la cosiddetta fantasia sessuale, quella che noi chiamiamo kamasutra animali, ammesso che esistano, hanno comunque tutto un altro significato. Si tratta di un'analogia solo apparente che solo noi, con la nostra prolifica mente malata di sesso, sappiamo e vogliamo cogliere. In primo luogo, infatti, ogni specie ha un suo unico modo d'accoppiarsi, senza varianti. E già questo direbbe tutto, altro che kamasutra. Potremmo dunque parlare, al limite, di «fantasia della natura». Il che altro non è che un modo di dire utile per scoprire (altra bella scoperta) che la natura è varia. Quanto alle apparenti contorsioni e stranezze delle libellule e di tant'altre specie, queste rispondono a due semplici esigenze. L'una è che ciò che a noi sembra strano è, per queste specie, il modo più semplice e funzionale per accoppiarsi. L'altra è che ogni specie deve evitare l'errore, che sarebbe grave, di accoppiarsi con un'altra specie, seppure affine. In questo caso, infatti, ne andrebbe di mezzo la fecondità della progenie, ammesso che qualcosa nasca. Questo fa sì, ovviamente, che ogni specie debba necessariamente differenziarsi dalle specie affini inventando qualcosa di più o meno speciale e unico. Debba, in altre parole, avere un modo tutto suo, un po' diverso di far sesso e ciò, ovviamente, non può che soffiare sul fuoco della già citata «fantasia della natura».

A questo punto, nell'ottica naturalistica, avrei spiegato tutto. O forse quasi, perché potrei tirare ancora in ballo la natura umana e la sua, di fantasia, cui l'idea di un kamasutra delle libellule non smetterà mai di piacere. E ciò, sono convinto, perché noi, per quanto detto sopra, non facciamo che pensare a «quella cosa là», e facendolo maliziosamente ci divertiamo. Anche se un po' ci vergogniamo.

Lucciole

Si dice che le belle notizie non fanno notizia. Non è sempre vero. Un esempio: a quanto pare le lucciole stanno ritornando. Le stiamo, infatti, riscoprendo nelle tiepide notti di tarda primavera, quando è bello starsene fuori a tirar tardi, godendoci la campagna col canto dei grilli come colonna sonora e, fondamentale complemento visivo, appunto con la magia delle lucciole. Lumicini volanti che magicamente si accendono e si spengono nell'aria. Uno spettacolo.

Proprio le lucciole che, ormai da tanto tempo, erano quasi sparite, uccise da un'agricoltura inquinata di chimica non solo per loro devastante.

Prendendo spunto da quella scomparsa, Pasolini, nel 1975 scrisse sul *Corriere della Sera* un pezzo memorabile.

Faticosamente, ora le lucciole stanno tornando. Il fenomeno, in Italia, ha una distribuzione a macchia di leopardo. In certe aree sono presenti, in altre no. A volte basta, perché ricompaiano, un incolto rinato, un po' di vera selvaticità. Meglio ancora, forse, un po' di quell'agricoltura detta più o meno propriamente biologica.

Da sempre, per san Benedetto, abbiamo cercato nel cielo, ad annunciarci l'arrivo della primavera, quegli sfreccianti uccelletti. Parimenti, come preludio dell'estate imminente, abbiamo esplorato il buio della notte, e trovato il lampeggiare delle lucciole. Poi, da anni, sempre meno rondini e, parallelamente, sempre meno lucciole. Brutti segni davvero.

Le lucciole, come le rondini, hanno un forte valore simbolico a causa della loro straordinaria e peculiare visibilità. Perciò sono entrate nella nostra cultura. I bambini usavano mettere una lucciola sotto un bicchiere sperando di trovare al mattino, al suo posto, una monetina. In Sicilia la lucciola veniva detta la candelina del pastore (*cannilicchia di picuraro*) perché di notte illuminava i pascoli. Ed essendo la famiglia delle lucciole distribuita un po' in tutti i paesi a clima tropicale o temperato, ogni popolo aveva, o ancora ha, connesse a questi insetti le sue usanze, i suoi proverbi. Dai boscimani del Kalahari, che ne raccolgono una ventina per imprigionarle in zucche essiccate che poi usano come lampade magiche, alle donne amerinde che – affascinante abitudine – se ne servono per adornarsi i capelli.

Ben si capisce, pertanto, che il lento ritorno delle lucciole rappresenti una buona notizia. Avevamo usanze, proverbi, rituali che si erano svuotati dell'oggetto che li aveva fatti nascere, e ora questo oggetto sta riprendendo il suo posto naturale e insieme culturale. Ovvio che questo ritorno regali una sensazione gradevolmente rassicurante. Ma c'è di più, perché gli inquinamenti, gli squilibri naturali, non hanno solo fatto quasi estinguere le lucciole. Tante altre specie meno riconoscibili sono state portate sull'orlo dell'estinzione. Così, se ora qualcosa di positivo sta succedendo alle lucciole, è verosimile che stia accadendo anche ad altre specie magari provviste solo del nome scientifico, quella nomenclatura in latino che solo gli zoologi conoscono, mentre un nome italiano e un significato simbolico nemmeno ce l'hanno. Però – dobbiamo ricordarlo – questo esercito di zoologici militi ignoti è altrettanto importante, per il mantenimento degli equilibri naturali, delle lucciole stesse. Perché ogni specie ha il suo ruolo e tutte sono indispensabili. Quanto alle lucciole, grazie alla loro lampante visibilità, meglio di altre specie potranno svolgere un loro inconsapevole ruolo di indicatori biologici attestanti la salute dell'ambiente riconquistato.

Il ritorno delle lucciole è dunque, indubbiamente, una buona notizia. Non vorrei però che ci montassimo troppo la testa. Perché per ricuperare un ambiente equilibrato c'è ancora molto, per non dire troppo, da fare. Ricordiamoci – saggezza dei proverbi – che una rondine non fa primavera. E nemmeno un po' di lucciole sparpagliate a macchia di leopardo.

Il leone e il suo doppio

Le valenze simboliche che gli uomini così spesso appioppano (è proprio il caso di dirlo) a incolpevoli animali risultano spesso terribilmente dannose, fino a divenir causa di tremende sofferenze. Basta pensare al povero toro delle corride e per farsene un'idea sarebbe sufficiente il già citato e famosissimo film *Sangue e arena*. Gli spettatori se ne stavano incantati dal grande fascino di Tyrone Power e Rita Hayworth, mentre per lui, che innocente si faceva torturare, non c'era spazio per nemmeno un pensiero, una riflessione. Ora, a ogni modo, voglio dire del leone che, inteso come specie, ha anche lui,

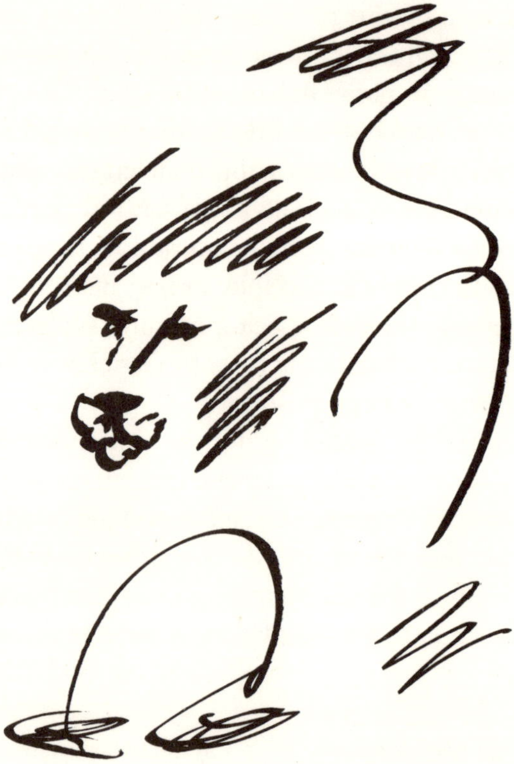

come del resto il toro, una qualità rara: possiede un nome per ciascuno dei due sessi. Leone il maschio, leonessa la femmina. È sì vero che, contrariamente alle tigri, ai colombi e a tantissimi altri, in questa specie c'è, tra sessi, una grande differenza sia morfologica che di comportamento, perché la criniera non è cosa da poco, per non parlare del terrificante ruggito, attributi esclusivamente maschili. Ma sono sufficienti, per guadagnarsi la rara prerogativa di un nome per ogni sesso, queste pur cospicue differenze? Sembrerebbe di no, se pensiamo a come sono diversi, tanto per dire, il pavone maschio e la sua femmina. Anzi, questi due uccelli rappresentano l'esempio più eclatante quando si tratta, per dirla con le parole della scienza, di dimorfismo sessuale.

Il fatto è che, tra i pochi che possiedono il peculiare privilegio (come il toro e la mucca, il gallo e la gallina, lo stallone e la giumenta), c'è qualcos'altro, qualcosa di più. Ed è cosa che riguarda noi umani. Noi, l'unica specie che dà un nome a ogni oggetto animato o inanimato che incontra o, perfino, che immagina. E si tratta di questo: un'antica, costante, importante frequentazione con l'umanità. Tale da far sviluppare nella nostra mente, solo per certi specialissimi animali, pensieri fantastici e ruoli simbolici che poi li costringono a interpretare una sorta di seconda vita. Una vita che si origina sì nella nostra mente ma che poi finisce con l'influenzare pure quella reale, costringendo questi animali a ruoli altrimenti inconsueti. Basta pensare ai poveri leoni costretti a combattere nel Colosseo. Al ruolo del toro nella corrida. Un intreccio tra natura e cultura, un ponte tra la realtà vera, quella della biologia e della storia naturale, e quella immaginaria che si agita nel nostro specialissimo teatro mentale, dove appunto hanno spazio altre storie e altre evoluzioni. Ebbene, il leone non solo appartiene a questa rara categoria, ma tra tutti è il più straordinario.

Vive dunque nella nostra mente, e da sempre nella nostra cultura, anche un leone simbolico. Quello, per intenderci, di San Marco, oppure quello che, nelle favole, ci rappresenta il Re della foresta o, per meglio dire, il Re degli animali. È d'altronde questa seconda versione la più corretta, perché il leone in carne e ossa abita proprio, e da sempre, nella savana. In Africa e in Asia, anche se ormai, nel continente asiatico, il leone è, come si dice, veramente ridotto al lumicino.

Il leone, dunque, vive una doppia vita, il che vuol dire che, oltre che nella natura, abita anche altrove, per esempio nei bestiari medievali. Oppure nella Bibbia, dove si dice che venga nominato 130 volte come animale frequente (e incombente) in Palestina. Viveva pure lì, infatti, in quei tempi lontani, e pure in Grecia, dove finì sterminato intorno al 200 a.C. A ogni modo, probabilmente, è proprio in Africa, dove ancora sopravvive, sebbene non ottimamente (ma è così praticamente per ogni predatore), che fin da subito venne immaginato, dagli indigeni, come il vero Re degli animali, forse anche degli uomini. Di esserlo lo proclamava infatti a gran voce, il terrifico felino, nelle notti buie. Il suo inquietante ruggito diceva: «He inchi ya nani-yangu, yangu, yangu», il che significava «Di chi è questa terra? È mia, mia, mia!». Almeno questo, gli indigeni intimoriti, credevano di capire.

Pensare che, slittando dalla cultura alla natura, ciò istintivamente percepisce anche ogni leone che, per caso o per necessità, si trovi ad attraversare un territorio non suo. «State alla larga, leoni stranieri. Questo è il mio territorio, il mio regno. Non avvicinatevi, a meno che non vogliate sfidarmi e combattere.»

Il ruggito, dunque, e la criniera. Le maggiori diversità leonine del maschio rispetto al sesso femminile, cioè le leonesse. Splendide pur esse, e soprattutto decisamente formidabili, funzionalissime, sociali e cooperative. Già, loro sono così, ma il maschio com'è?

Già il ruggito e la criniera, a saperli leggere, direbbero tutto, perché sia l'uno che l'altra si sono evoluti in funzione della competizione con gli altri maschi. Il che sempre sarebbe, per ogni leone, il problema maggiore. Perché il leone è, per sua natura, poligamo, o per meglio dire poliginico, il che significa che, se vuol trasmettere i suoi geni alle future generazioni, ogni individuo di sesso maschile deve far fuori la concorrenza di tutti gli altri maschi che gli stanno intorno.

Solo a patto di ciò può metter su quell'harem cui soprattutto tende. E ciò significa lotte e minacce, così da sconfiggere tutti i competitori, e proprio a questo servono il rimbombante ruggito e la protettiva criniera. Se, d'altronde, la funzione del maschio fosse la predazione, ben più efficace sarebbe l'agile e insieme forte struttura femminile. Pensate alle monogame tigri, infatti, dove le differenze tra i sessi sono pressoché inesistenti.

Nella socialità dei leoni, che appunto sono poliginici, la storia naturale è però tutt'altra, perché ogni sesso ha un suo ruolo differente. La femmina preda mentre ciò, per il maschio, è semmai un optional, un fatto secondario, sporadico. Il maschio, invece, se gli va bene, e cioè se sconfigge tutti gli altri maschi, poi davvero si comporta come un Re d'una volta. Terrifico e indulgente, tollerante coi figli ma anche freddamente infanticida coi figli altrui (già, anche questo purtroppo succede). Il suo problema è soprattutto il potersi riprodurre e, in seconda istanza, lo stare attento a non essere soppiantato. Il che prima o poi fatalmente gli avverrà. Unico altro maschio adulto tollerato nel territorio del Re è talora un fratello, collaborante e amato. Ma si sa, un fratello condivide una gran quantità di geni, e in natura questo conta moltissimo. Così, nelle grandi linee, il regno del leone nella vita vera è questo, e ciò che, almeno a botta calda, meraviglia, è che il leone della natura non risulta poi essere tanto diverso dal suo doppio, quello immaginato dalla mente umana. Il che, se ben ci pensate, e cioè non più tanto a botta calda, non è poi così strano come dovrebbe sembrare.

... E un gatto per concludere

Così come ho iniziato, mi piace concludere col gatto, perché lo splendido felino, sia esso selvatico o domestico, è sempre stato, nella nostra mente, misterioso e un po' magico. E dunque, nel bene e nel male, sempre frainteso.

Parlando del domestico, nel bene per gli egiziani, dove rappresentava Bastet, una divinità benigna, ma poi, approdato in Europa trasportatovi dai mercanti fenici, soprattutto, e per lungo tempo, nel male, associato alle streghe e al demonio. E c'è purtroppo da dire che le superstizioni son dure a morire, e così il gatto qualche strascico che viene diretto dal Medioevo ancora ogni tanto lo subisce.

Cos'è, a ogni modo, che rende sempre il gatto così coinvolgibile in tante storie umane di misteri e di magie?

Credo si tratti di due sue caratteristiche insieme fisiche e comportamentali. Caratteristiche tra loro interdipendenti. La prima è senz'altro la sua scarsa socialità. Perché il gatto, soprattutto il selvatico, è essenzialmente un solitario che vive limitando con parsimonia a ben definite occasioni i suoi rapporti con altri gatti. Ed è perciò che, logicamente, ha poche necessità, e limitate capacità, di comunicazione. Che se ne farebbe, lui, della raffinata e facilmente interpretabile comunicativa del cane, animale sociale per eccellenza? Quando poi, con l'addomesticamento, anche l'uomo entra a far parte del mondo del gatto, il rapporto è, almeno inizialmente, tutt'altro che stretto e limitatamente affettivo. Perché il gatto era, almeno all'inizio della sua storia tra la gente umana, soprattutto un acchiappa topi accettato nei grandi granai egizi, e solo a fatica e dopo molto tempo si conquistò uno spazio veramente casalingo.

C'è anche da dire che il gatto, essendo per natura schivo e solitario, non è fatto per le gerarchie, che in genere agli uomini piacciono tanto, soprattutto se sono loro a far la parte di chi comanda. Il gatto, si potrebbe dire, non è invece gerarchizzabile, perché nel suo istinto e nella sua mente la gerarchia proprio non trova spazio. Così, da sempre, l'uomo ha la sensazione, gradevole per alcuni ma sgradevole per altri, di non sentirsene veramente padrone, perché la volontà del gatto resta sempre un qualcosa di sfuggente. Non è però, ovviamente, che sia controllata dal demonio o dalle streghe, ci mancherebbe. Il gatto, assai più semplicemente, non possiede le strutture, nel suo comportamento, per divenire sottomesso.

Ecco allora che, per lui, è difficile definire cosa in realtà sia il cosiddetto padrone, anche se è ormai assodato che, con l'addomesticamento, si sono grandemente ampliate le sue capacità sociali e affettive. Ciò per un'ovvia esigenza umana, dettata sia da necessità pratiche ma, sicuramente, anche psicologiche. E, a ogni modo, credo sia meglio, nel caso del gatto, lasciare perdere il termine padrone sostituendolo con quello di «amico». Più o meno paritetico, s'intende, ma lui, che ci volete fare, è fatto così, e anche in questa sua sempre presente autonomia risiede, per chi l'apprezza, il suo fascino. E già questo è un fatto interessante, perché ci spiega bene come e perché la «gente dei gatti» non possa che essere diversa da quella «dei cani».

La mente del gatto, a ogni modo, non solo è un po' sfuggente perché si tratta di un animale spesso difficilmente comprensibile e non portato alla sottomissione. L'altra parte del suo mistero deriva anche da certe sue non facilmente comprensibili abitudini notturne.

Oltre ai ben noti e rumorosissimi concerti sessuali, di notte i gatti, se lasciati liberi, escono infatti dai loro territori per incontrarsi in certi loro luoghi di ritrovo specialissimi e misteriori. Classica è la descrizione di questi altri loro gelidi meeting fatta da Paul Leyhausen, il maggiore conoscitore del mondo dei felini, che più volte li ha osservati. Perché in questi incontri i gatti stranamente, almeno ai nostri occhi, non fanno che star fermi, seduti o coricati, osservandosi a vicenda. Eppure esiste, in questa loro socialità da acquario, la possibilità di osservare (e Leyhausen è stato proprio bravo a coglierli) i segni di gerarchie appena accennate: l'uno può cedere il passo all'altro, oppure la precedenza se c'è qualcosa da mangiare. Ma tutto è molto vago, molto sfumato.

I gatti sono fatti così, c'è poco da fare. E questo è insieme il loro fascino e la loro maledizione.

I gatti delle origini, in definitiva, o almeno soprattutto loro, sono piuttosto asociali, si spiegano poco e male (almeno ai nostri occhi) ed è perciò che risultano misteriosi. Sono inoltre predatori solitari. Praticano una caccia notturna fatta di attese e di agguati, soprattutto a roditori. Esattamente come fanno i gufi e altri rapaci notturni.

Non l'avete notato, infatti, che i gatti assomigliano ai gufi? Stesse orecchie, stessi grandi occhi rotondi, stessa faccia appiattita. Ebbene, non è casuale, è convergenza evolutiva. Il che significa che sia gli uni che gli altri, facendo la stessa vita e sottoposti alle medesime pressioni selettive, si sono evolutivamente costruiti analoghe strutture.

E ora, saputo tutto ciò, immaginatevi un uomo del Medioevo che, attraversando un bosco, incontra quegli occhi gialli, rotondi e immensi – occhi da gufo, sia esso con le ali oppure senza. D'accordo, le streghe non esistono. Ma se esistessero, le immaginate meglio con un setter al guinzaglio oppure con un gufo, con ali o senza ali, posato sulla spalla?

Poche parole, a ogni modo, bastano a commento finale di questo speciale e quanto mai colpevole fraintendimento: è giunto il tempo che gli animali, tutti gli animali, smettano di essere degli incompresi, tanto più che ormai gli strumenti per conoscerli come realmente sono li possediamo compiutamente, o quasi. Basterebbe, il più delle volte, osservarli con mente sgombra da pregiudizi e dalla mania di letture simboliche o antropomorfizzanti. Poi, soprattutto, assimilare il fatto che la loro straordinaria diversità di forme e comportamenti non è comunque mai un difetto ma, al contrario, un'espressione delle tante sapienze di cui la vita è pervasa. E non potrebbe essere altrimenti.

Suggerimenti di lettura

ALLEN, C. e M. BEKOFF, *Il pensiero animale*, MacGraw-Hill, Roma 1998.

CAMPAN, R. e F. SCAPINI, *Etologia*, Zanichelli, Bologna 2004.

CELENTANO, M. e M. STANZIONE, *Konrad Lorenz cent'anni dopo. L'eredità scientifica del padre dell'etologia*, Rubbettino, Soveria Mannelli 2007.

CHIARELLI, B. e S. MARUNGIU, *Comunicare*, Edizioni Altravista, Terrazza Coste 2007.

ELDREDGE, N., *La vita sulla terra*, Codice, Torino 2004.

GOULD, J.L. e C.G. GOULD, *L'architettura degli animali*, Cortina, Milano 2008.

GRIFFIN, D., *Menti Animali*, Bollati Boringhieri, Torino 1996.

HAUSER, M.D., *Menti selvagge*, Newton & Compton, Roma 2002.

LORENZ, K., *L'altra faccia dello specchio*, Adelphi, Milano 1974.

LORENZ, K., *L'etologia*, Boringhieri, Torino 1980.

MAINARDI, D., *Nella mente degli animali*, Cairo Editore, Milano 2006.

MAINARDI, D. (a cura di), *Dizionario di etologia*, Einaudi, Torino 1992.

MARCHESINI, R., *Intelligenze plurime*, Perdisa, Bologna 2008.

PEPPERBERG, I., *Parla con Alex*, Rizzoli, 2008.

SHAMOUNI NAGHDE, R., *Nature culturali*, Il Poligrafo, Padova 2005.

SOVRANO, V.A., P. ZUCCA e L. REGOLIN, *Il comportamento degli animali*, Carocci, Roma 2009.

TINBERGEN, N., *Lo studio dell'istinto*, Adelphi, Milano 1989.

VALLORTIGARA, G., *Altre menti*, Il Mulino, Bologna 2000.

VALLORTIGARA, G., *Cervello di gallina*, Bollati Boringhieri, Torino 2005.

WAAL, F. de, *La scimmia che è in noi*, Garzanti, Milano 2005.

Finito di stampare nel gennaio 2010
presso Rotolito Lombarda, Pioltello (Milano)